U0681609

孙郡锴◎编著

清幽岁月
浅浅行

点一盏心灯，照亮始终不够清晰的旅程，融化人生的冰河，清幽岁月浅浅行。

中国华侨出版社

图书在版编目（CIP）数据

清幽岁月浅浅行/孙郡锴编著. —北京：中国华侨出版社，2015.8（2021.4重印）
ISBN 978-7-5113-5550-8

Ⅰ．①清…　Ⅱ．①孙…　Ⅲ．①人生哲学－通俗读物
Ⅳ．①B821-49

中国版本图书馆CIP数据核字（2015）第154277号

●清幽岁月浅浅行

编　　著/孙郡锴
责任编辑/文　蕾
封面设计/纸衣裳書裝·孙希前
经　　销/新华书店
开　　本/710毫米×1000毫米　1/16　印张18　字数223千字
印　　刷/三河市嵩川印刷有限公司
版　　次/2015年8月第1版　2021年4月第2次印刷
书　　号/ISBN 978-7-5113-5550-8
定　　价/48.00元

中国华侨出版社　　北京市朝阳区静安里26号通成达大厦3层　　邮编100028
法律顾问：陈鹰律师事务所
编辑部：（010）64443056　　64443979
发行部：（010）64443051　　传真：64439708
网　址：www.oveaschin.com
E-mail：oveaschin@sina.com

前 言
PREFACE

生活，总是在百转千回之中，让人懂得珍惜和守护；人生，总是在尝遍千般滋味以后，才能感悟到幸福的含义。岁月清幽，浅浅而行，对于我们这些平凡世界中的平常人而言，若能在生活之中多一些领悟，也许就会与幸福不期而遇。

世事消销，不复明了，红尘羁绊，难免悲欢。朝来夕去，冬春夏秋，有多少事，能如玉壶冰心般清透？又有多少事，能如仲秋银盘，结局圆满？此路行去，总有顺风的船，也有搁浅的滩，总有花团锦簇处，亦有山路十八弯，生命中，最深刻的记忆，就在这高低起伏、苦辣酸甜之间。

若不能解悟，心中便有无数的魔，为反，为不觉，为执着和固执。

于是苦于看不透，看不透尘世间的纠葛与争斗，看不透红尘中的喧嚣与宁静；

于是苦于舍不得，舍不得曾经的拥有，过去的精彩，舍不得得意之时的鲜花与掌声，舍不得一抹流沙指尖滑落；

于是苦于输不起，输不起一时成败，输不起人生之中的每一次博弈；

于是苦于放不下，放不下日渐远离的人与事，放不下早已尘封的是与非，放不下痛了又痛的回忆。

这一路行去，无论多少苦，只要心有一丝甜，就能超越所有的难；无论多大仇，只要心存一片海，就能冰释所有的嫌；无论多荒凉的城，只要心中有温暖，就能融化所有的寒。

这一路行去，莫辜负流淌于心中的美好，让行经的路上，开满爱的花朵，即便有一刻步入荒芜，也要尽量靠近阳光。

清幽岁月浅浅行，愿能在辗转中学会从容，在阅尽千帆之后，仍能做最真的自己，在冷暖交织的日子里，学会善待与珍惜。

目 录
CONTENTS

辑一　清微淡远，行云流水过一生

1. 淡泊明志，宁静致远 / 3

不把眼前的名利看得轻淡就不会有明确的志向，不能平静安详全神贯注地学习，就不能实现远大的目标。

2. 释然缺憾，在宽恕中原谅自己 / 27

总有一些事，不愿它发生，却必须接受；总有些东西，想要得到，却遥不可及；总有些人，不能没有，却必须学着放手。人只能自己去成全自己，这是现实。

3. 让平凡的生活花香满屋 / 57

不能享受平淡生活的人，大都因为心浮气躁。如果要把"浮躁"二字从心头抹去，就必须学会简朴生活和平淡生活。当然，拥有平淡生活，并非不思进取养成人生的惰性。

辑二　不悲不怨，一池落花两样情

4.领悟爱情，在浮躁尘世中找到甜蜜归宿 / 87

爱，很简单，有时就是一杯水，只要爱存在，谁会计较外在的东西？那些把爱情搞得异常糟糕的人，想必是还没有真正懂得爱情的含义。

5. 感恩经历，忘掉昨天的苦，追逐明天的福 / 117

你若非要计较，没有一个人、一件事能让你满意。若不是心宽似海，哪有风平浪静？人生无常，心安即是归处。对于苦难，与其问："为什么"，不如问："还有什么？"

辑三　常怀感恩，退一步海阔天空

6. 请原谅曾经伤害我们的人 / 145

你无时无刻不在想着对方的存在，你牵挂着何时才能给对方同样的伤害。但你心里备受煎熬时，对方并不知道，他也没有因此受到妨碍。

7. 与病态心理说再见 / 165

许多人都认为善良人容易吃亏。其实，善良人很少会因吃亏而后悔，他们活得坦然、心安，那是善良给予他们的美好回报。

8. 用善意的微笑和这个世界对话 / 185

人生的经历就像铅笔一样：一开始很尖，经历的多了自然就变得圆滑了，如果承受不住，就会断掉。忍耐之草虽然是苦的，但最终会结出甘甜而柔软的果实。

目录

辑四　浅浅前行，境与心转享安然

9. 愿心平和，把自己放在一个恰当的地方 / 205

平和者，一辈子如饮茶，水是沸的，心是静的。浅斟慢品，闲敲棋子看落花，视尘世浮华如水雾，饮出无限的优雅。

10. 放慢脚步，给生命一个喘息的机会 / 227

放松，才能过得轻松。不要让自己背负过多的压力。拒绝不属于我们自己的担子，让自己做一下自己想做的事。

11. 做你自己的人，走你自己的路 / 251

为别人活着，一切希望尽在别人手中，快乐随时可能被人摧毁。为自己活着，不用把希望放在一些无法左右的事情上，人就会轻松一截。任何事情都能由你自己做主，至少你可以尽力而为。

目
录

辑一

清微淡远，行云流水过一生

1. 淡泊明志，宁静致远

不把眼前的名利看得轻淡就不会有明确的志向，不能平静安详全神贯注地学习，就不能实现远大的目标。

◆ 养心一涧水，习静四围山

有许多人都是这样，内心澄净的时候少，躁乱的时候多，将大量精力投入到与内心的搏斗之中：有所得之时，兴奋之情溢于言表；有所失时，则伤心欲绝、不能自已；心有所虑，食不下咽、辗转难眠；心有所思，眉黛紧锁、日渐憔悴……得失爱恨，无不心潮迭起，心态失衡，久久无法平静。人若这样活着，若说不累，便是怪了。

活着，就要经历这个世界的沧桑变幻，就要体会这人世间的得失爱恨、是是非非，因为这是一种必然。我们可以尝试着改变自己的心境，情由心生，如果说我们能让自己释然一些，淡看春花秋月，淡看沧海桑田，淡看人世间的是是非非、错综复杂，我们就能卸下那份负累，活得恬然自得，悠然自在。

诸葛亮在《诫子书》中说道："夫君子之行，静以修身，俭以养德。非淡泊无以明志，非宁静无以致远。夫学须静也，才须学也。非学无以广才，非志无以成学。淫慢则不能励精，险躁则不能治性。年与时驰，意与日去，遂成枯落，多不接世。悲守穷庐，将复何及！"——寥寥数语，字字精辟，千年之后我辈读起，仍有清新澄澈之感侵入心头，似一汪圣水在洗涤心灵。

有些人贪恋富贵，遂被富贵折磨得寝食难安；有些人沉迷酒色，从此陷入酒池肉林，日益沉沦；有些人追逐名利，致使心灵被套上名缰利锁，面容骤变，一脸奴相……试想，倘若我们心中能够多一些淡泊，能够参透"人闲桂花落，夜静春山空。月出惊山鸟，时鸣春涧中"的意境，是不是就能在宁静中得到升华，抛弃尘滓，让心从此变得清澈剔透？

这是不言而喻的，你看那古今圣贤，哪个不是以"淡泊、宁静"为修身之道？在他们看来，做人，唯有心地干净，方可博古通今，学习圣贤的美德。若非如此，每见好的行为就偷偷地用来满足自己的私欲，听到一句好话就借以来掩盖自己的缺点，这是不能领悟人生大境界的。

读书修学，在于安于贫寒心地安宁。美文佳作，却是人间真情。心地无瑕，犹如璞玉，不用雕琢，而性情如水，不用矫饰，却馥郁芬芳。读书寂寞，文章贫寒，不用人家夸赞溢美，却尽得天机妙味，体理自然。

可见，淡泊的意境并非遥不可及，重点在于认清淡泊的真义。对于淡泊的错误解读有两种，一种是躲避人生，一种是不求作为，前者消极避世、废弃生活之根本，却冠冕堂皇地冠以淡泊之名，淡泊由此成了一种美丽的托辞；后者将淡泊与庸碌相提并论，扭曲真义，于是淡泊不幸沦为不求上进、不求作为的借口，实在亵渎这种超脱的意境。

其实淡泊并非单纯地安贫乐道。淡泊实为一种傲岸，其间更是蕴藏着平和。为人若能淡看名利得失，摆脱世俗纷扰，则身无

羁勒，心无尘杂，由此志向才能明确和坚定，不会被外物所扰。

淡泊不是人生的目标，而是人生的态度。为人一世，自然要志存高远，但处世的态度则应尽量从容平淡，谦虚低调，荣辱不惊，在日常的积累中使人生走向丰富。当人生达到一定高度时，再回归平淡，盛时常作衰时想，超脱物累，与白云共游。

淡泊生于心的宁静，倘若内心焦躁，即便我们有心达到淡泊的境界，亦是枉然，更别提淡泊明志、宁静致远了。相反，倘若我们内心宁静，就不会流连于市井之中，不会被声色犬马扰乱心智。心中宁静，则智慧升华，我们的灵魂亦会因智慧得到自由和永恒。

不管世界多么热闹，热闹永远只占据世界的一小部分，热闹之外的世界无边无际，那里有着"我"的位置，一个安静的位置。这就好像在海边，有人弄潮，有人嬉水，有人拾贝壳，有人聚在一起高谈阔论，而"我"不妨找一个安静的角落独自坐着。是的，一个角落——在无边无际的大海边，哪里找不到这样一个角落呢——但"我"看到的却是整个大海，也许比那些热闹地聚玩的人看得更加完整。正是，"养心一涧水，习静四围山"。

◆ 以平常心观平常事，事事平常

老话讲："心静自然凉"。是说在炎热的夏季，没有空调和电扇，怎么能让自已不燥热呢？那就要保持心底的清净、安静，让情绪稳定下来，自然而然就觉得凉快了。如果情绪烦乱，即使处在空调房里，依然会感到燥热不安。足见心静的妙处。

这个心静不是说超脱于世外，而是尽量克制我们种种不和谐的心，如仇恨心、怨怒心、忌妒心、自私心、虚荣心、骄傲心等，多表露出我们种种善良的心，如孝心、诚心、赤子心、宽容心、平等心、感恩心、慈悲心……使心灵趋于宁静，内心和谐，则福乐常在。

在陕北山区有这样一个农民，住的是黑漆漆的窑洞，吃的是玉米馍馍、土豆白菜、咸菜疙瘩，家里最值钱的东西就是一个盛面的柜子。但他整天乐呵呵的，早上唱着山歌去干活，傍晚又唱着山歌走回家。有些人不明白，日子都过成这样了，他怎么还有心情唱歌呢？

他却说："我渴了有水喝，饿了有饭吃，婆姨没外心，娃儿长得壮，夏天住在窑洞里不用电扇，冬天热乎乎的炕头胜过暖气，日子过得怎么就不好了？"

辑一 清微淡远，行云流水过一生

这位农民兄弟物质上并不富裕，但他却由衷地感到幸福，因为他的心是清静和谐的，所以不会为自己欠缺的东西感到苦恼。

与之形成鲜明对比的是，在广州有一个商人。

这个商人很有钱，却整天忧心忡忡的，饭吃不香，觉也睡不好。他老婆看在眼里，急在心上，就建议他去找心理医生看看，他去了。

医生看他满眼的血丝，就问："你这是怎么了，经常失眠吗？"商人说："是呀，快把我折磨死了！"医生忙开导他："别着急，这不是什么大毛病，你回去以后如果睡不着，就数数绵羊吧。"商人回家数绵羊去了。

一个星期之后，他又来到了诊室。眼睛更红了，精神也更加颓丧，医生非常吃惊："你没有照我的话去做吗？"商人很委屈："我照做了啊，一直数到 3 万多只呢！"医生又问："数了这么多，难道还没有一点睡意吗？"商人答："本来是困极了，但一想，那是 3 万多只绵羊啊！得产多少羊毛呀！不剪岂不太可惜了？"医生顺着他说："那剪完不就可以睡了吗？"商人叹了口气说："可是问题来了，这些羊毛制成的服装，我还没联络到买主呢！"

这样的人，内心永远静不下来，他怎么能没有烦恼呢。

能够找到满足感的人，不管他富与贫，都是幸福的。一个人无论是处在顺境还是逆境，懂得适时调整自己的心态，尊重生活中那份与生俱来的"平淡味"，那么他做人的火候就臻至佳妙之境了。当然，也不要像那些自命清高的人一样去鄙视世俗生活，以平常心态来看待这个世界就好，得而不狂喜，失而不大忧，平常就好。

清幽岁月浅浅行，长长短短，聚聚散散，走走停停，磕磕绊绊，不是每人处处、事事、时时，都能如所愿。故而心需平常，若能以平常心观平常事，则事事平常。然而，平常心又实则不平常，它不是看破红尘时的心灰意冷，亦不是无可奈何后的消极避世，它是历经劫难时的坦然淡定，是情缘散尽时的轻声祝福，是被人伤害时的豁达大度，它是茫茫世事中的清风一笑。

◆ 灭却心头火即凉，修心无须在深山

事实上，烦恼真的都是我们自找的，如果说我们想要从烦恼的牢笼中解脱出来，当下要做的就是放下心中杂念，别让外物的悲喜侵扰自己。其实有的时候，我们真的很愚蠢，我们四处寻找解脱烦恼的秘诀，却不知，这其实将带来更多的烦恼。许多烦恼和忧愁缘于外物，却是发自内心，如果心灵没有受到束缚，外界再多的侵扰都无法动摇我们静谧的心灵，反之，如果内心波澜起伏，汲汲于功利，汲汲于悲喜，那么即便是再安逸的环境，都无法止息我们心灵上的躁动。

我们总觉世界喧嚣，因而妄生烦恼，不得安宁，但事实上，只要我们能够抛下一切杂念，哪里不可宁静呢？相反，如果妄念不除，即使我们住在深山古刹，一样无法求得片刻平静。

　　在生活中，我们每个人都在被情感、家庭、社会所缠绕，找不到安心的所在。是的，外在的纠葛、攫取太多，我们的心就无法安宁；我们对外在无限制地索取，常常是以支付心灵的尊严为代价的。我们应该抬起头来，看看屋外的松林，听听松涛的呼唤，眺望远处的大海以及满风的帆船，我们的心中会有对生命新的转移与看待。

　　真正的平静之人，对于外界的嘈杂、喧嚣具有极强的免疫功能，他们听东西就像狂风吹过山谷造成巨响，过后却什么也没有留下；他们内心的境界就像月光照映在水中，空空如也不着痕迹。如此一来，世间的一切恩恩怨怨、是是非非，便都宣告消失了，这才是真正的物我两相忘。

　　当然，以现实状况来看，绝对的境界，即人的感官不可能一点不受外物的感染，但要提高自身的修养，加强意志锻炼，控制住自己的种种欲望，排除私心杂念，建立高尚的情操境界却是完全可能的。

◆ 若无闲事心头挂，便是人间好时节

只要我们的内心不为外境所动，则一切是非、一切得失、一切荣辱都不能影响我们，而这种状态下，我们的内心世界将是无限宽广的。换而言之，心外世界如何其实并不重要，重要的是我们的内心世界。正如诗云："春有百花秋有月，夏有凉风冬有雪；若无闲事挂心头，便是人间好时节。"

由此推广而说，人生也可分作四季：年少之时若能春花浪漫，年青之时若能夏木繁茂，壮年之时若能秋果累累，年迈之时若能如瑞雪落定而乐得其归宿，便不虚此生了。再从小处讲来，人生四季，若能荣辱不惊，不过分求有所得，亦不过度伤感有所失，那么，一生时时都将是好时了。

有这样一家人，父母都老了，三个女儿，只有大女儿大学毕业有了工作，其余的两个女儿还都在上高中，家里除了大女儿的生活费可以自理外，其余人的生活压力都落在了父亲肩上。但这一家人每个人的感觉都是快乐的。晚饭后，父母一同出去散步，和邻居们拉家常，两个女儿则去学校上自习。到了节日，一家人团聚到一块儿，更是其乐融融。家里时常会传出孩子们的打闹声、笑声，邻居们都羡慕地说："你们家的几个闺女真听话，学

习又好。"这时他们的眼里就满是幸福的笑。其实，在这个家里，经济负担很重，两个女儿马上就要考大学，需要一笔很大的开支。家里又没有一个男孩子做顶梁柱，但女儿们却能给父母带来快乐，也很孝顺。父母也为女儿们撑起了一片天空，让她们在飞出家门之前不会感受到任何凄风冷雨。所以，他们每个人都是快乐和幸福的。

其实幸福很简单，去工作而不过于以挣钱为目的；去爱而忘记所有别人对你的不是；去跳舞而不管是否有人在关注；去唱歌而不想着是否有人在听；去生活就想这世界便是天堂。这样，我们就会发现生活中其实处处都有幸福。

那么，为什么有那么多人不能享受人生的美好时节呢？忙碌和压力只是表象，还是因为我们心中有事。我们汲汲于名利，醉心于富贵，沉迷于情欲，纠缠于是非，腾不出闲情、挪不出逸致去呼吸江上的清风、欣赏山间的明月，因此，纵然春有百花烂漫又与我何干？即便白雪宜人，我也只看到地冷天寒。在追逐中，我们忘记了人生路上的欣赏，只有攫取和怨念，然而，任何人到最后终是一抔黄土，谁也别想避过，我们殊途同归，追逐者何？

我们若能以荣辱不惊的平常心，去面对生活中的横逆困顿、人我关系上的是是非非，做到积极谋事而不过分计较得失，做到事虽忙心儿闲，在"心闲"与"积极"之间找到一个可以把握的度，那么人生虽匆忙，也是可以享受"闲敲棋子看落花"的雅趣的。

◆ 当物质氤氲于精神，人才是自己的主人

孔子说："贤哉，回也！一箪食，一瓢饮，在陋巷，人不堪其忧，回也不改其乐。贤哉，回也！"颜回的物质生活是如此艰苦，他住在贫民窟里一条陋巷中、破了的违章建筑里。每天一竹笼饭，一瓢冷水，一般人处在这种环境中，心里的忧愁和烦恼都吃不消，而他却能淡然处之，心里一样快乐，并且保持着顶天立地的气概。所以孔子对他一夸再夸，说他"了不起啊！了不起！"在孔子看来，有理想、有志向的君子，不会总是为了自己的吃穿住而奔波，"饭疏食饮水，曲肱而枕之"，对于有理想的人来讲，可以说是乐在其中。

一个人的思想，一旦升华到追求崇高理想上去，就能够放宽心境，不为物累，心地无私、无欲，随时随地去享受人生，也就苦亦乐、穷亦乐、困亦乐、危亦乐了！这是没有身历过其境的人所难以理解的。真正有修养、高品位的人，他们活得快乐，但所乐也并非那种贫苦生活，而是一种不受物役的"知天""乐天"的精神境界。

古人云："求名之心过盛必作伪，利欲之心过剩则偏执。"

辑一 清微淡远，行云流水过一生

面对名利之风渐盛的社会，面对物质压迫精神的现状，能够做到视名利如粪土，视物质为赘物，在简单、朴素中体验心灵的丰盈、充实，才能将自己始终置身于一种平和、淡定的境界之中。

曾看到一则故事：

一个欧洲观光团来到非洲一个叫亚米亚尼的原始部落。部落里有位老者，穿着白袍，盘着腿安静地在一棵菩提树下做草编。草编非常精致，它吸引了一位法国商人。他想：要是将这些草编运到法国，巴黎的妇人戴着这种草编的小圆帽，挎着这种草编的花篮，将是多么时尚、多么风情啊！想到这里，商人激动地问："这些草编多少钱一件？"

"10比索。"老者微笑着回答道。

天哪！这会让我发大财的。商人欣喜若狂。

"假如我买10万顶草帽和10万个草篮，那你打算每一件优惠多少钱？"

"那样的话，就得要20比索一件。"

"什么？"商人简直不敢相信自己的耳朵！他几乎大喊着问："为什么？"

"为什么？"老者也生气了："做10万件一模一样的草帽和10万个一模一样的草篮，它会让我乏味死的！"

在追逐欲望的过程中，许多现代人忘了生命中除却物质之外的很多东西。或许，那位"荒诞"的亚米亚尼老者才真正参悟了人生的真谛。

人应当能够承受物质生活对身心所产生的影响。现实中聪明的智者往往能随遇而安或穷益志坚，不受任何影响地充分享受人生，并且能做出一番不平凡的事业来。

金钱和物质其实都是外在的东西，只有创造和精神才是内在的本质。人人都渴望过上富足的生活，当我们还不富裕的时候，我们应该怎样生活呢？怨天尤人当然不可以，安之若素又太消极了，唯有直面现实寻求改变才是正确的选择。

很多人至今也没有弄明白金钱与幸福的关系，其实，一切在于自我的心态。

我们不要当金钱的奴隶，而要做精神的富翁。当我们在解决了温饱之后，当我们有了银行存款之后，如果眼睛始终紧盯着钱，这样的生活其实已经失去了乐趣。

有句话说："穷到极点，不是衣不蔽体，而是没有表情。"所以，当精神沉沦于物质中，你便沦为了金钱的奴隶；当物质氤氲于精神中，你才是自己的主人。

◆ 看淡钱财，才能让精神富足

有一位叫阿西克的作家曾思考过财富带给自己的烦恼。几年前他买了一片小树林，然而时间一久，问题出现了：财富

影响了他的生活。他需要改变这种状况，他开始思考，结果发现：

1. 小树林在他心里经常沉甸甸的。它给了他权威，却拿走了欢乐。因为这笔财产给他带来了麻烦和不便，就好比家具需要除尘，除尘器又需要佣人，佣人又需要"保险印花"。这些事情让他在准备赴宴或者到河里游泳之前，左思右想，不能决定去还是不去，原本的好心情随之荡然无存。

2. 他觉得小树林应该再大一些，好容纳快乐高飞的小鸟。可他没有能力买下邻居所拥有的林边田野，也不愿谋财害命。这种种限制使他心烦意乱。

3. 财产使拥有者感到应该用它做一些事情，比如砍倒树木或在树缝中栽上新树。这些奇怪的想法很折磨人，使他无法享受小树林的趣味。

4. 常有经过的人采挖林中的黑刺莓、毛地黄和蘑菇。他感慨："上帝啊，我的小树林到底属于不属于我？如果它属于我，我能阻止别人在那儿散步吗？"

他最后写道："可能最终我会像某些人一样，用墙将林子围起来，用栅栏把众人挡开，直到我能真正享用小树林。而那样的话，这些都可能是我会有的特点：身体肥胖、贪得无厌、貌似强大而自私透顶——我也会整夜'求一合眼不得'！"

当然，我们也不能把所有的罪恶和痛苦都归罪于金钱。客观地说，钱这东西，它既不是善也不是恶，既不是美也不是丑，它的确会给人们带来痛苦，但也不能因此就全盘否定它所带来的快乐，关键要看人们怎样去看待它。遗憾的是，在这个时代，大多数人并不能以平常心去对待金钱。钱这东西，原本就只是生活中的一件工具而已！可是今时今日，人们却让它"咸鱼翻了身"！让它掌握了主动权，让它改变了选择，甚至改变了人生。

有些人的外表很光鲜，但他们的心灵无疑是贫瘠的。他们自以为拥有财富，其实是被财富所拥有。这不能怪罪于金钱，钱不是罪恶的根源，向往富足的生活也无可厚非，我们之中又有谁不希望自己吃得好、穿得好、住得好呢？但这种欲望应该有个限度，你不能得陇望蜀，一山望着一山高，心里就只装着"金钱"二字，这未免太过贪婪。亦如小仲马在《茶花女》中说的那样："钱财是好奴仆、坏主人。"如果把金钱视为奴仆，有也可以、没有亦可，多也可以、少也可以，人就会活得非常轻松自在；可是如果被金钱所奴役，明明已经衣食无忧，却仍不知满足、欲壑难填，就永远也得不到满足的快乐。

其实钱这个东西，只有在使用时才会产生它的价值，假如放着不用，它就根本毫无意义可言。如果看不明白这一点，一股脑儿地钻进钱眼里，那就等于把自己的人生卖给了金钱，从此一切唯它马首是瞻，其他尽可抛弃，那么到了最后，我们或许就要抱着钞票孤独终老了。

对于真正享受生活的人来说，任何不需要的东西都是多余的，他们不会让自己去背负这样一个沉重的包袱。而我们，如果想要活得健康一点儿、自在一点儿，任何多余的东西也都必须舍

弃。金钱对某些人来说，可能很重要，但对于懂生活的人来说，一点也不重要，因为它不可能买到世间的一切。

幸福和快乐原本是精神的产物，期待通过增加物质财富而获得它们，岂不是缘木求鱼？如果我们为了拥有一辆豪华轿车、一幢豪华别墅而废寝忘食；为了涨一次工资而逆来顺受，日复一日地赔尽笑脸；为了签更多的合同，年复一年日复一日地戴上面具，强颜欢笑……长此以往，我们终将不胜负荷，最后悲怆地倒在医院病床上。此时此刻，我们应该问问自己：金钱真的那么重要吗？有些人的钱只有两样用途：壮年时用来买饭，暮年时用来买药。所以说，人生苦短，不要总是把自己当成赚钱的机器。一生为赚钱而活是何其悲哀！我们活着，若想自在些，就要把钱财看淡些，不要一味地去追求享受。在我们用双手创造财富的同时，不妨多一点休闲的念头，不要忘了自己的业余爱好，不妨每天花点时间与家人一起去看场电影，去散散步，去郊游一次……如果这样，生活将会变得丰富多彩，富有情趣；心灵会变得轻松惬意，自由舒畅；生命会变得活力无限。

◆ 于静处体味生活点滴，让生活还原本色

做人，只要保持像白云一样自如自在的境界，何处不能自由，何处不是解脱？然而，在这个日益繁杂的社会中，一些人显得焦躁不安、迷失了快乐。唯一可以改变这种状态的办法便是保持内心的平静，于静处细心体味生活的点滴，让生活还原本色。

老街上有一铁匠铺，铺里住着一位老铁匠。由于没人再需要他打制的铁器，现在他以卖拴狗的链子为生。

他的经营方式非常古老。人坐在门内，货物摆在门外，不吆喝，不还价，晚上也不收摊。无论什么时候从这儿经过，人们都会看到他在竹椅上躺着，微闭着眼，手里是一只半导体，旁边有一把紫砂壶。

他的生意也没有好坏之说。每天的收入正够他喝茶和吃饭。他老了，已不再需要多余的东西，因此他非常满足。

一天，一个古董商人从老街上经过，偶然间看到老铁匠身旁的那把紫砂壶，因为那把壶古朴雅致，紫黑如墨，有清代制壶名家戴振公的风格。他走过去，顺手端起那把壶。

壶嘴内有一记印章，果然是戴振公的。商人惊喜不已，因为

戴振公在世界上有捏泥成金的美名。

古董商端着那把壶，想以 15 万元的价格买下它，当他说出这个数字时，老铁匠先是一惊后又拒绝了，因为这把壶是他爷爷留下的，他们祖孙三代打铁时都喝这把壶里的水。

虽没卖壶，但古董商出现的那天，老铁匠有生以来第一次失眠了。这把壶他用了近 60 年，并且一直以为是把普普通通的壶，现在竟有人要以 15 万元的价格买下它，他有点想不通。

过去他躺在椅子上喝水，都是闭着眼睛把壶放在小桌上，现在他总要坐起来再看一眼，这让他非常不舒服。特别让他不能容忍的是，当人们知道他有一把价值连城的茶壶后，总是拥破门，有的问还有没有其他的宝贝，有的甚至开始向他借钱，更有甚者，晚上也推他的门。他的生活被彻底打乱了，他不知该怎样处置这把壶。当那位商人带着 30 万元现金，第二次登门的时候，老铁匠再也坐不住了。他招来左右邻居，拿起一把锤头，当众把那把紫砂壶砸了个粉碎。现在，老铁匠还在卖拴狗的链子，据说今年他已经 101 岁了。

老铁匠的内心随着茶壶的升值而波动不平起来了，生活中原本的宁静与安详被打破了，很显然这突如其来的"好运"并没有给老人带来快乐，相反老人的内心却承受着煎熬。在沉思之后，老人最终想通透了。也是在老人举起锤头的那一刹那，他找回了原本属于自己的那份安详与宁静。

无论做什么，如果能以空明之心为之，一切都能轻而易举了。

◆ 不在意红尘纷扰，便可得一世之清欢

人生最忌讳的就是太在意，太在意。在意到为其舍生忘死，一命归西，最终还是免不了一场失意的结局……

太在意只会让你更失意，人生的舞台上，谁没有得与失？或多或少，总有失意的时候。若是执著于此，便难得快乐。

人生需要一些不在意，不在意，任何失意都将随风而去。人生百年，逝者如斯，何不让那些烦恼和忧愁，随着天上白云渐渐飘远，最后消失在漫无边际的天空之中？

平淡是真，别太在意，是内心祥和、物我两忘的一种修养、一种胸怀，更是人生境界的极致。唯有别太在意，才能把心灵超脱，笑看云卷云舒，静观花开花落。唯有别太在意，才能放下包袱，充满乐趣地活着。

乡村有一对清贫的老夫妇，有一天他们想把家中唯一值点钱的一匹马拉到市场上去换点更有用的东西。老头牵着马去赶集了，他先与人换得一头母牛，又用母牛去换了一只羊，再用羊换来一只肥鹅，又把鹅换了母鸡，最后用母鸡换了别人的一口袋烂苹果。

在每次交换中，他都想给老伴一个惊喜。

当他扛着大袋子来到一家小酒店歇息时，遇上两个英国人。闲聊中他谈了自己赶集的经过，两个英国人听后哈哈大笑，说他回去准得挨老婆子一顿揍。老头子坚称绝对不会，英国人就用一袋金币打赌，二人于是一起回到老头子家中。

老太婆见老头子回来了，非常高兴，她兴奋地听着老头子讲赶集的经过。每听老头子讲到用一种东西换了另一种东西时，她都充满了对老头的钦佩。

她嘴里不时地说着："哦，我们有牛奶了！"

"羊奶也同样好喝。"

"哦，鹅毛多漂亮！"

"哦，我们有鸡蛋吃了！"

最后听到老头子背回一袋已经开始腐烂的苹果时，她同样不愠不恼，大声说："我们今晚就可以吃到苹果馅饼了！"

结果，英国人输掉了一袋金币。

不要为失去的一匹马而惋惜或埋怨生活，既然有一袋烂苹果，就做一些苹果馅饼好了，这样生活才能妙趣横生、和美幸福，而且，你才可能获得意外的收获。

世上没吃不了的苦，也没有走不完的路。当你烦恼时，请告诉自己："不必太在意！"当你失恋的时候，不必太在意。因为没有缘分，所以分手。既然月老还没有把你的姻缘定下来，你又何必太在意呢？

当你工作不顺利时，不必太在意。想一想，你苦恼也好，难过也罢，即使吃不下睡不着，工作也还是要做。所以，最好的办法，就是不去在意它，以一颗平常心去面对现实，去想更好的办法，解决它。

人类的痛苦，大多是因为自己太在意，庸人自扰。比如一个三十而立的人，总是不经意地想要证明自己的成功。有时候，周围的人确实在拿一个标尺衡量你，甚至有时候，这个衡量的标准直接而明显：谁的皮带上有一个"BOSS"标志，谁的钱包拿出来是方格暗纹，谁不小心露出了 paul smith 的字母，谁就是成功人士。然而，这些真的值得那么在意吗？难道这就是生活的真谛吗？

其实，人生就像走路一样，有曲折，有坎坷，有通衢，有美景。面对顺境不要沾沾自喜，面对逆境也不必怨天尤人，只要牢记凡事"不必太在意"，只要热爱生活，以平和的心境去面对人生，面对这大千世界，相信就会走出精彩的人生。

◆ 无淡泊无以清心寡欲，无奢华无以花天酒地

岁月易老，人生若欲望太多，又怎能得快乐？生活中，若懂得一个"淡"字，自然会天高海阔。

"淡泊"源于道家思想，"老子"曾言："恬淡为上，胜而不美"，后人对这种"心神恬适"的意境推崇备至，一如香山居士的"身心转恬泰，烟景弥淡泊"，就是对"心无杂念、凝神安适、不拘得失"这种淡泊意念的诠释和传承。

"夫君子之行：静以修身，俭以养德。非淡泊无以明志，非宁静无以致远。夫学须静也，才须学也。非学无以广才，非静无以成学。慆慢则不能研精，险躁则不能理性。年与时驰，意与日去，遂成枯落，多不接世。悲守穷庐，将复何及！"—— 还是诸葛亮，还是那本《诫子书》，千年之后我辈读起，仍有清新澄澈之感侵入心头，似一汪圣水在洗涤心灵。遥想孔明当年，必是在草庐之中久念此语，参悟着人生的真谛。

那时的孔明尚不得志，然不为志所屈，故隐于襄阳城西隆中山静待机缘。他依山结庐，潜心耕读，精研时势，广交名士。他读史于清风明月之中，对弈于竹林涧石之旁，不问名利，不求闻达，胸中旷世之才，已在那青山绿水、一张一弛间浑然成就。

那一年，刘皇叔三顾茅庐，向孔明讨教匡汉之道。孔明有感于皇叔至诚，遂道出胸中浩瀚韬略，言若想一统寰宇，必先联吴抗曹，成天下三分之势，世称"隆中对"，从此，刘备的事业出现了转机。

也是那一年，孔明随皇叔而去，走时仍不忘叮嘱家人切勿荒废农事，此去若大业有成，届时再归于田园，享这恬适之乐。这一去，造就了"鞠躬尽瘁，死而后已"的一代名相。这一去，孔明再未回还，身后未留下一分私财，却留下了流芳千古的美名，以及那一句时时警示后人的"非淡泊无以明志，非宁静无以致远"。从此，"淡泊明志，宁静致远"便成了君子修身养性的一条准则。

然而，人性毕竟太过软弱，常经不起功名利禄的诱惑。于是有人贪恋富贵，遂被富贵折磨得寝食难安；于是有人沉迷酒色，从此陷入酒池肉林，日益沉沦；于是有人追逐名利，致使心灵被套上名缰利锁，面容骤变，一脸奴相……试想，倘若众生心中能够多一些淡薄，能参透"人闲桂花落，夜静春山空。月出惊山鸟，时鸣春涧中"的意境，是不是就能在宁静中得到升华，抛弃了尘滓，从此变得清澈剔透？

纵观古今圣贤，无不以"淡泊、宁静"为修身之道，在他们看来，做人，唯有心地干净，方可博古通今，学习圣贤的美德。若非如此，每见好的行为就偷偷地用来满足自己的私欲，听到一句好话就借以来掩盖自己的缺点，这种行为便成了向敌人资助武器和向盗贼赠送粮食了。

读书修学，在于安于贫寒心地安宁。美文佳作，却是人间真情。心地无瑕，犹如璞玉，不用雕琢，而性情如水，不用矫饰，却馥郁芬芳。读书寂寞，文章贫寒，不用人家夸赞溢美，却尽得天机妙味，体理自然

由此可见，淡泊并非单纯地安贫乐道。淡泊实为一种傲岸，其间更是蕴藏着平和。为人若能淡看名利得失，摆脱世俗纷扰，则身无羁勒，心无尘杂，由此志向才能明确和坚定，不会被外物

所扰。

宁静所求是心的洁净，其中禅意盎然。人心宁静，方不会流连于市井之中，不会被声色犬马扰乱心智。心中宁静，则智慧升华，人的灵魂亦会因智慧得到自由和永恒。

2. 释然缺憾，在宽恕中原谅自己

总有一些事，不愿它发生，却必须接受；总有些东西，想要得到，却遥不可及；总有些人，不能没有，却必须学着放手。人只能自己去成全自己，这是现实。

◆ 为一时失去徘徊不前，即使得，亦不偿失

　　世间事，凡有一得必有一失，凡有一失必有一得。你成熟了，失去的是青春；你成功了，可能失去的是健康；一些人饱尝人间风流的时候，失去了忠贞不渝的爱情和夫妻间的相濡以沫；儿孙满堂时，失去的却是一生。

　　我们出来做事，如果一点都放不开，什么也舍不得的话，很可能就什么也得不到；你捡起一块石头之后总也放不下的话，双手就不能用来干别的事了。

　　一个人坐在轮船的甲板上看报纸。突然一阵大风把他新买的帽子刮落到大海中，他用手摸了一下头，看看正在飘落的帽子，又继续看起报纸来。另一个人大惑不解："先生，你的帽子被刮入大海了！""知道了，谢谢！"他仍继续读报。"可那帽子值几十美元呢！""是的，我正在考虑怎样省钱再买一顶呢！帽子丢了，我很心疼，可它还能回来吗？"说完那人又继续看起报纸来。

　　我们都曾丢失过一些东西，也许是一件物，也许是一个人，也许对你而言很重要：譬如刚拿到手的薪水不翼而飞，譬如缠绵了几年的恋人移情别恋，当然，还有很多。当然，每个人都会怅然所失，而那些因此备受折磨的人，只是看不开罢了。看不开，是因为心理上还没有承认失去，还沉湎于已不存在的东西，却并没有想过如何去创造新的东西。老话说："旧的不去，新的不来"，不是这样吗？与其为丢了的钱包而懊恼，不如想想怎样挣更多的钱；与其为了恋人的离去以泪洗面，不如认真去寻找更适合你、更欣赏你的那一个。

人的精力总是有限的，如果什么都想得到，分心太散，很有可能什么都得不到，什么事也做不成。无论失去或得到，只要用一颗积极的心去面对，缺也会是圆。

两个人结伴去印度旅游，在准备返程的时候却丢了钱包。其中一个把自己去过的地方寻了个遍，问了许多人，还是一无所获，于是坐在酒店的房间里痴痴发呆。另一个发现丢了钱包以后，也责怪了自己的粗心，之后他开始考虑如何才能挣到回家的路费。他走进当地一家华人开的饭店，向老板说明情况以后，在这家饭店做起了小时工，为自己和同行的伙伴挣来了回家的路费，而且和这家饭店的老板成了好朋友，因为老板很佩服他处事的态度。

直到现在，一说起这件事来，他还很有感触："旅游就是为了让自己开心，时间那么短、趣事那么多，若是纠结于丢掉的一点钱财，未免太不值得了吧。"

一生不是一件事，我们还有很事情要做，为了一时的失去徘徊不前，即使得，亦不偿失。又或许，失去意味着更好的得到。

那年，哈佛大学要在中国招一名留学生，所有费用由美国政府全额提供。初试结束了，30 个优秀的孩子成为候选人。

考试结束后的第 10 天是面试的日子。30 名学生及其家长云集锦江饭店等待面试。当主考官劳伦斯·金出现在饭店的大厅时，一下子就被人群围住了，他们用流利的英语向他问候，有的甚至还迫不及待地向他做自我介绍。这时，只有一名学生，由于起身晚了一步，没来得及围上去，等他想接近主考官时，主考官的周围已经是水泄不通了。

于是他错过了接近主考官的大好机会，他觉得自己也许已经错过了机会，于是有些懊丧起来。这时，他看见一个外国女人有些落寞地站在大厅一角，目光茫然地望着窗外，他想：身在异国的她是不是遇到了什么麻烦，不知自己能不能帮上忙。于是他走过去，彬彬有礼地和她打招呼，然后向她做了自我介绍，最后他问道："夫人，您有什么需要我帮助的吗？"接下来两个人聊得非常投机。

后来这名学生被劳伦斯·金选中了，30 名候选人中，他的成绩并不是最好的，而且面试之前他错过了跟主考官套近乎、加深自己在主考官心目中印象的最佳机会，但是他却无心插柳柳成荫。原来，那位异国女子正是劳伦斯·金的夫人，这件事曾经引起很多人的震动：原来错过了美丽，收获的并不一定是遗憾，有时甚至可能是圆满。

清幽岁月浅浅行，你是否看得清：不是一切失去都意味着缺憾，不是一切得到都意味着圆满。

◆ 好好算算上天给你的恩典

每个人的生命，都被上苍划上了一个缺口，你不想要它，它却如影随形。

人这辈子，注定会遇到一些不尽如人意的事情，都希望圆圆满满地过完此生，但都是阴晴圆缺交织在一起。其实，细想想，人生真的就如此，不必力求尽善尽美，不圆满的人生，也有不圆满的美妙。

早期的扑满都是陶器，一旦装满了钱，就会被人敲碎。有这样一只扑满，一直没有钱投进来，一直瓦全到今天，它就成了贵重的古董。这说明了什么呢？

如果你是一个蚌，你愿意承受苦难去凝结一粒珍珠，还是不要珍珠，舒舒服服却无所作为地活着？如果你是一只黑熊，不小心掉进了猎人的陷阱，而你前面有一罐香喷喷的蜂蜜，这时，你是吃还是不吃？

每个人都有一本难念的经。你看到了别人光鲜的一面，却不知道他的苦不堪言；你抱怨自己的苦不堪言，却不知道别人也在羡慕你的光鲜。所以，不要总是觉得别人如何如何好，好好算算上天给你的恩典，你会发现，原来自己所拥有的比没有的要多出

许多，而缺失的那一部分，虽然令人遗憾，却也是你生命中的一部分，接受它，并且善待它，你的人生会快乐豁达许多。

有个人，单身半辈子，快50岁，突然结了婚。新娘跟他的年龄差不多，徐娘半老、风韵犹存。只是知道的朋友都窃窃私语："那女人以前是个演员，嫁了两任丈夫，都离了婚，现在不红了，由他捡了个剩货。"

不知道话是不是传到了他耳里。有一天，他跟朋友出去，一边开车、一边笑道："我这个人，年轻的时候就盼着开奔驰车，没钱，买不起；现在呀！还是买不起，买辆三手车。"他开的确实是辆老奔驰。

朋友左右看看说："三手？看来很好哇！马力也足！"

"是呀！"他大笑了起来。"旧车有什么不好？就好像我太太，前面嫁个四川人，又嫁个上海人，还在演艺圈待了二十多年，大大小小的场面见多了。现在老了、收了心，没了以前的娇气、浮华气，却做得一手四川菜、上海菜，又懂得布置家。讲句实在话，她真正最完美的时候，反而都被我遇上了。"

"你说得真有理！"朋友说："别人不说，我真看不出来，她竟然是当年的那位红星啊。"

"是啊！"他拍着方向盘："其实想想我自己，我又完美吗？我还不是千疮百孔，有过许多往事、许多荒唐，正因为我们都走过了这些，所以两个人都成熟，都知道让、都知道忍，这不完美，正是一种完美。"

有缺陷并不是一件坏事，那些自认为自身条件已经足够好以至于无可挑剔、不必改变现状的人往往缺乏进取心，缺少超越自我，追求成功的意志，相反，承认自己的缺陷，正确认识自己的长处与短处，却可以使我们处在一种清醒的状态，遇事也容易做出最理智的判断。

所以，不必对人生中的缺失耿耿于怀，放宽心，接受它，也是宽恕自己。苛求人生的圆满，内心不可能平和，生活中也就不会遇到真正的幸福，而且，今后可能也不会遇上。人们对于事物一味理想化的要求，导致了内心的苛刻与紧张，内心的紧张又使人们更加苛刻地要求自己。所以，完美主义与内心放松满足相互矛盾，两者不可能融入同一个人的人格。事物总是循着自身的规律发展，即便不够理想，它也不会单纯因为人的主观意志而改变。如果有谁试图使既定事物按照自己的要求发展变化而不顾客观条件，那么他一开始就已经注定要失败了。

◆ 你很棒，但不必永远争第一

2000年悉尼奥运会，气手枪射击决赛第八发射击，赛场气氛似乎到了窒息的程度。中国队选手陶璐娜的手在颤抖，枪口在晃动。果然，陶璐娜只打了9.4环。

赛后，教练孙盛伟表示说，在一般的世界大赛决赛上，射击

运动员的脉搏约为每分钟130次，而这场比赛中，运动员的脉搏则达到了160次左右！陶璐娜的气手枪重量为1100多克，扣扳机的力量在500克以上。靶心的那个黑点直径为10毫米，0.1环的差距仅仅是0.5毫米。胜负成败就在细微差别之中。所以，射击比赛对运动员的心理要求非常高，任何细小的情绪波动都将反映到手腕上、枪口上，并在黑色的靶心上留下不能磨去的印记。所以，运动员最好不要苛求自己。以平常心应战，这才是比赛胜利的不二法门。

生活中，我们也应该持有一颗平常心，过高地要求自己，需要我们拼尽全部的心力，也未必能够得到满足，这样，奋斗的过程只剩下压抑感和紧张感，乐趣全失。时间一久，内心便会产生无法排解的疲劳感，整个人就像被蛀空的大树，虽然外面看起来粗壮，稍遇大风雨就会被拦腰折断。

他很棒，想问题很周到，做事喜欢十全十美，要是做错了一件事，心情就不大好过。他一直有这种想法：要做就做最好的，要争就争第一。

这种思想在他小时就养成了，父母的教育使他在心底有了这样的目标：考试要考第一；比赛要争第一；大学要考最好的；工作表现要最出色；妻子要比周围人的都漂亮……总之，在他的想象中，衡量一个人是否成功的标准，就是要看他在自己人生的各个领域中能否争到第一。

从小到大，他一直走得很顺，大学毕业就找到了一份不错的工作，两年后就成了那个部门的主管。但就在他准备大展拳脚的时候，工作出了错，算不得什么大错，但毕竟对他有影响。于是，他的好朋友——另一个部门的主管晋升了，而他还留在原地。他沉默了，也退却了，自此对任何事似乎都冷漠以对。久而久之，他得了抑郁症。

其实，不必事事争第一，更不必把所有人都看成自己的竞争对象。"第一"永远只有一个，人生几十年，如果事事和人争高低，天天与人比好歹，那是与人生历程的目标相抵触的，也是和自己过不去，自己折磨自己。

老话说得好："一山还有一山高"，无论哪个领域都有杰出人物，但说起来也只是某一方面杰出，不是样样第一。如果我们能把有用的长处发挥到最好，短处，就没有必要去计较了。

曾经获得世界冠军的美国拳击手杰克，他在每次比赛之前都必须先安静地祷告一会儿。

一个朋友曾经问他："你在祈祷自己打赢这一场比赛吗？"

他摇摇头，说："如果我祈祷自己打赢，而我的对手也祈祷打赢，那么这样会让上帝非常难办的。"

朋友很奇怪："那你到底在祈祷什么呢？"

杰克说："我只是在祈求上帝能够让我打得漂漂亮亮的，最好让我们谁都不要受伤。"

如果有一样东西，只要跳一跳就够得到，那就去够吧，这叫作努力，叫进取；如果搬来梯子、坐上飞机都不可能够到，那么就别费劲了，超出能力去做事这就叫勉为其难。

◆ 想不开就不想，得不到就不要

对于得不到的东西，人们往往认为它是美好的。

殊不知，得不到的东西未必就好，我们觉得它无比美好，是因为在我们的思想里潜藏着某种欲望，当这种欲望不能得到满足时，就会加倍渴望，甚至把它视为完美的梦想，刺激我们去征服。但事实上，很多时候我们得到以后会发现，它并不如想象中那般美好。

男孩爱上了一个女孩，想尽办法讨女孩子的欢心。他认为女孩子是自己的神，天使一般的存在。他千方百计打听女孩子的喜好，尽量满足她的需求，每天都是这样，无怨无悔。

可是，女孩子的心里早已经有了别人，他一次又一次地被拒绝，可是越是这样，他就越觉得女孩弥足珍贵，越是爱的死去活来。

应该说是皇天不负有心人，女孩同样被心上人拒绝了，她失恋了，很痛苦。男孩抓住时机，猛追猛打，用了半年时间，终于追上了女孩。然而相处久了，男孩渐渐发现女孩并没有想象中那么完美。

在一起的时候男孩发现，女孩吃饭时总是把盘子里的菜翻来翻去，即便有外人在场也是如此；女孩的个人卫生习惯很不好，东西总是乱摆乱放，屋子每天都是邋里邋遢；女孩发起脾气来旁若无人，大哭大闹、大喊大叫。这让男孩心里有些反感。

终于有一天，女孩如母老虎般地对男孩子大发脾气之后，男孩子下定决心离开了她。他实在不能忍受女孩的种种毛病，他想不明白，表面看上去如此美好的女孩子，怎么会是这样的呢？男孩子忍不住长叹一声："真是被自己的想象欺骗了啊。"

有些东西我们得不到之时，总是对其充满幻想，待得到之后，才发现它的缺点是那样明显。而后，自然而然便失去了兴趣。这是大多数人的心魔——欲求不得愈欲得，结果弄得自己痛苦不堪。

有一个小学老师，一直以来过着安分守己的日子。有一天，一位从来也没有听说过的远房亲戚在国外死去了，临终指定他作为遗产继承人。

遗产是一个难以估价的高档服饰商店，这位老师欣喜若狂，开始为出国做各种准备。等到一切准备就绪、即将动身时，他又得到通知，一场大火烧毁了那个商店，服饰也全部变为了灰烬。

这位老师空欢喜一场，重新返回学校上班，但他似乎也变成了另外一个人，整日愁眉不展，逢人便诉说自己的不幸："那可是一笔很大的财产啊，我一辈子的工资还不及它的零头呢。"

"你不是和从前一样，什么也没有丢失吗？"一个同事问道。

"这么一大笔财产，怎么能够说什么也没有失去呢？"老师心疼得叫起来。

"在一个你从来都没有到过的地方，有一个你从来都没有见过的商店遭了火灾，这与你有什么关系呢？"那个同事劝他看开些。

　　可是不久以后，这位老师还是得了忧郁症死去了。

　　这就像是一个小孩子，没有糖时很平静，平白无故得到糖时很高兴，等到糖丢了时，便极度伤心。可是，失去糖后，应与没得到糖时一样呀，又有什么伤心的呢！如果那位老师真的得到了遗产，他可能不至于郁郁而终。问题是他已经没有办法得到了，而他一直认为拥有了那份遗产后的生活会是多么地美好惬意，于是被自己的想象活活折磨死了。如果他换一种心态，不对那份遗产过于期盼的话，他依然可以过着自己平静无忧的生活。

　　得与舍的关系其实很微妙，人一生也许只能得到有限的几样东西，甚至几点东西，而这些，可能要用一生的时间来换取。这个世界上有那么多东西，又有那么多的美好，可是那一切好像与你无关，它对于你只是作为一种诱惑出现，你只能眼睁睁地看着别人将它拿走。如果一点都放不开，什么都舍不得，什么都想得到，就会活得很累。可是你本来就一无所有，甚至这世界上本来就无你，从这点看，你已经获得了几样东西，最起码获得了生命和来世界走一遭的体验。上帝对你还是不错的，起码在这个美好纷繁的世界上旅游了这些许年，所以你看，你是不是又得到了许多？

　　参透了得与失，就不会得意忘形，也不会悲观失望，有一颗平常心，一颗从容心，就可以做事了。

◆ 这个世界，总有我们赶不上的公交车

生活中有一种痛苦叫错过。人生中一些极美、极珍贵的东西，常常与我们失之交臂，这时的我们总会因为错过美好而感到遗憾和痛苦。那是因为我们没有领悟。

相信所有的上班族都有这样的体会，我们经常为了追赶公交车而大力奔跑。于是，为了尽量不把时间浪费在路途中，我们总是估算好公交车进站的时间，好让自己在公交车进站的那一刻正好踏上站台，如果还能站到队伍的前面得到个座位，那就更完美了。

然而，人算总是不如天算，常常我们又是远远看到自己要坐的那辆公交车在站台上停靠，待我们即将冲到之时，车子却徐徐启动了。只留下我们怅然地望着公交车绝尘而去。

这个时候我们开始后悔，如果早半分钟出来，事情的结果就不一样了。接着，无数种可以改变剧情的假设出现在头脑中：如果我还能跑得再快一点，如果司机启动得再慢一点，如果再多几个上车的乘客……但所有的假设终归是假设，我们唯一可以控制的，就是早出来半分钟。

于是，为了给自己留下充足的时间，我们特意提前出门了，

但公交车还是会与我们擦肩而过。原来，之前的那趟车还没来，而它之前的公交车却已开走了。

其实，就算我们再提前 5 分钟、10 分钟，这个世界上，还是会有我们赶不上的公交车。路的前方还有前方，前方是没有止境的。

熙来攘往的车辆，宛若人生中不断出现的人、事、物。他们一个接着一个出现，恰似到达站台上的公交车。每辆车都有着各自的方向，不同的车辆为不同路线的乘客提供方便，陪着他们驶向各自的终点。

不适合你的那辆车，非但不能给你提供便捷，反而会让你偏离既定的方向。很少有人只是为了乘车而随意踏上其中的一辆，但很多人会因为刻意谋取些什么而轻易迷失。

更多的时候，你所希望得到的，恰如你追赶不上的公交车，即便它从你身边驶过，但如果时间地点不对，也不会因为你的招手立刻停下。你所能做的、也是应该做的，就是在站台上守候下一个希望。

清幽岁月浅浅行，总有一些东西我们会错过。于是，人生便有了"遗憾"这个词。仔细想想，遗憾能带来什么？只是一种难以诉说的隐痛而已。所以，不要再为错过掉眼泪，既然你与之无缘，就随它自去吧。

人生，要留一份从容给自己，这样就可以对不顺心的事，处之泰然；对名利得失，顺其自然。要知道，不是所有的事情你都能一并掌握，人生总是有得有失，有成有败，生命之舟本来就是在得失之间浮沉！美好的东西人人想要，但并不是人人都能得到，况且错过了的美丽不一定就是遗憾。

其实，有些美丽是不该错过的，而有些美丽则需要你去错过。

有位旅行者听说有一处景色绝佳的胜地，于是发誓不惜一切代价也要找到它，一饱秀色。经历了数年的跋山涉水，饱尝了千辛万苦，他已经相当疲惫了，但依然云深不知胜地在何处。这时，有位老者给他指了一条岔路，告诉他，美丽的地方有很多，不必沿着一条路走到底。他按老者的话去做了，不久他就看到了许多异常美丽的景色，他赞不绝口，流连忘返，庆幸自己没有一味地去找寻梦中那个美丽的地方。

生活就是如此，跋涉于生命之旅，我们的视野有限，如果不肯错过眼前的一些景色，那么可能错过的就是前方更迷人的佳境。清幽岁月浅浅行，只有那些善于舍弃的人，才会欣赏到真正的美景。

是的，有些错过可以诞生美丽，只要你的眼睛和心灵始终在寻找，幸福和快乐很快就会来到。只是有的时候，错过需要勇气，也需要智慧。

辑一　清微淡远，行云流水过一生

◆ 高考只是"人生第一考"，不是"人生唯一考"

十年寒窗苦读，一朝高考落第，任谁心里都不会好过，对谁而言都是一个不小的打击。但高考失利并不意味着人生失败，高考只是"人生第一考"，不是"人生唯一考"，成才大路千万条，条条道路通罗马。

人，应该站在高处看生活，金榜题名不该是人生唯一的梦想，高考也不是唯一的成功通道。一个人生前死后得到什么样的评价，不取决于他在高考时的分数，而是取决于他的人生发展和对社会的贡献。如果把高考看作决定自己命运的脉搏，只许成功不许失败，这个人生是很狭隘的，也是很危险的。

失利时莫失志，高考失利并不是一个终点，也许它是人生的一个新起点。

他也落榜了，那时在 1200 多年前，榜纸那么大、那么长，然而，就是没有他的名字。啊！竟单单容不下他的名字"张继"那两个字。

考中的人，姓名一笔一画写在榜单上，天下皆知。奇怪的是，在他的感觉里，考不上，才更是天下皆知，这件事，令他羞惭沮丧。

离开京城吧！议好了价，他踏上小舟。本来预期的情节不是这样的，本来也许有插花游街、马蹄轻疾的风流，有衣锦还乡、袍笏加身的荣耀。然而，寒窗十年，虽有他的悬梁刺股，琼林宴上，却并没有他的一角席次。

船行似风，江枫如火，在岸上举着冷冷的爝焰。这天黄昏，船来到了苏州。但这美丽的古城，对张继而言，也无非是另一个触动愁情的地方。

如果说白天有什么该做的事，对一个读书人而言，就是读书吧！夜晚呢？夜晚该睡觉了，以便养足精神第二天再读。然而，今夜是一个忧伤的夜晚。今夜，在异乡，在江畔，在秋冷雁高的季节，一个落魄的士子在放肆他的忧伤。江水，可以无限度地收纳古往今来一切不顺之人的泪水。

江上渔火二三，他们在干什么？在捕鱼吧？或者，虾？他们也会有撒空网的时候吗？世路艰辛啊！即使潇洒地捕鱼的，也不免投身在风波里吧？然而，能辛苦工作。只有我张继，是天不管地不收的一个，是既没有权利去工作，也没福气去睡眠的一个。

钟声响了，这奇怪的、深夜的寒山寺钟声。一般寺庙，都是暮鼓晨钟，寒山寺庙敲"夜半钟"，用以惊世。钟声贴着水面传来，在别人，那声音只是睡梦中模糊的衬底音乐。在他，却一记一记都撞击在心坎上，正中要害。钟声那么美丽，但钟声自己到底是痛还是不痛呢？既然失眠，他推枕而起，摸黑写下"枫桥夜泊"四字。然后，就把其余二十八字"照抄"下来：

月落乌啼霜满天，江枫渔火对愁眠。

姑苏城外寒山寺，夜半钟声到客船。

感谢上苍，如果没有落第的张继，诗的历史上便少了一首好诗，我们的某一种心情，就没有人来为我们一语道破。

1200多年过去了，那张长长的榜单上（就是张继挤不进去的那纸金榜）曾经出现过的状元是谁？哈！谁管他是谁？真正被记得的名字是"落第者张继"。有人会记得那一届状元披红游街的盛景吗？不！我们只记得秋夜的客船上那个失意的人，以及他那场不朽的失眠。

落榜了，别伤心！落榜并不可怕，路有千万条。学校不能决定你成为什么样的人，高考不能决定你的命运，决定这一切的是你自己，你才是人生的主人。

◆ 如若无缘，别求有分

他带着即将读大学的孩子去欧洲旅行，因为那里留有他青春的痕迹，旧地重游，很是亲切，还有一缕说不出的伤感，因为曾失却的爱，就在这里。

和儿子进入大学城内的餐厅用餐，才刚坐下，父亲即面露惊讶神色。原来，这家餐厅的老板娘，竟是当年他在此求学时追求的对象。

20多年岁月变更，当年的粉面桃花早已不再。父亲告诉儿子说，她是一家旅馆主人的千金，她的笑容与气质深深地吸引着他。虽然女孩父亲反对他们往来，但两颗热恋的心早已融化所有的障碍，他们决定私奔。

他托友人转交一封信给女孩，约定私奔的日期和去向。很遗憾，他等了一天，却没看到女孩出现，只看见满天嘲弄的星辰，怀抱琴弦，却弹奏失望。他只好带着一张毕业证书回到中国。

儿子听得如痴如醉。突然，他问父亲，当年他在信上如何注明日期。因为中国表示日期的方式是先写月份，后写日期；而欧洲是先写日期，再写月份。

他恍然大悟，原来自己约定的日期为10月11日，女孩却是欧洲的读法，判断为11月10日。一个月的时序误会，因而错失一段美好的姻缘。

20多年来，他一直想用恨来冲淡想念；20多年来，那女孩呢？她一定也在恨那个"薄情郎"。他很想走过去，告诉老板娘：我们都错了，只为一个日期的误读，不为爱情。

两个对的人，却在错的时候，爱上一回。一切，都只是时间定格，回不去了。

最终，他没有站出来揭开谜底，只是默默地埋单，然后轻松地回家。因为他在心中彻底地为一个爱情中的无辜女主角昭雪。

把相恋时的狂喜化成一只白蝴蝶，让它在记忆里翩飞远去，永不复返，净化心湖。与绝情无关——唯有放下，才能在大悲大

喜之后炼成牵动人心的平和；唯有遗忘，才能在绚烂已极之后炼出处变不惊的恬然。自己的爱情应当自己把握，无论是男是女，将爱情封锁在两个人的容器里，摆脱"空气"的影响，说不定更是一种痛苦。

爱情全仗缘分，缘来则聚，缘去则散，不一定非要追究谁对谁错，爱与不爱又有谁能够说得清楚？当爱之时，我们只管尽情去爱，当爱走时，就潇洒地挥一挥手吧！人生短短数十载，命运把握在自己手中，没必要在乎得与失、拥有与放弃、热恋与分离。失恋之后，如果能把诅咒与怨恨都放下，就会懂得真正的爱。

他是个王子，真正的王子，这个国家唯一的王子。他是个很有爱心的人，而且，英俊潇洒，一表人才，满腹经纶，文韬武略。王国的人都说，他即使不是王子，也一定能够脱颖而出，做到一人之下，万人之上。他是大众情敌，因为王国中的年轻女子都对他心驰神往。

他恋爱了，那是一个异常美丽的姑娘，明眸皓齿，黑发如瀑，曲线玲珑，婀娜多姿。他抚琴，她起舞，他饮酒，她吟诗，活脱脱的天作之合。

然而，他出现了，他是这届科考的状元郎，一样的风姿倜傥，一样的才华横溢，一样的能文能武能担当。王国的人都说，若不是他出身贫寒，恐怕早已和王子一时瑜亮了。王国的年轻男子长吁短叹，因为他们又多了一个难以击败的情敌。

他与他却相见恨晚，惺惺相惜，于是，一有时间，他与他还有她便聚在一起。他与他谈论治国方略，她在边倾耳倾听；他与他举杯邀月，她在边起舞助兴，总之，他们三人几乎无所不谈，亲密无间。

渐渐地，三人之间的关系微妙起来。状元郎也喜欢姑娘，只是碍于身份和情谊，一直将自己的感情深深埋下。而姑娘情感的天平，也渐渐倾向了状元郎。她觉得他比王子更善解人意，亦更亲切谦逊，她与他没有距离感，不像王子那样高高在上。终于，在一次独处之时，他关不住情感的闸门，将心底的情潮一倾而尽，她亦不再顾虑，与之携手奔逃。

王子得知以后几近崩溃，一边是友情，一边是爱情，这是最不能让人忍受的背叛啊！亏得他宅心仁厚，力阻父亲对二人的捕杀，给了他们一条生路。

老国王西去以后，王子昭告天下，大赦有罪之人。并特意强调，希望状元郎和那个女子能够回来，他需要他帮自己治理国家。

数月后，一身布衣却难掩光华的他带着略显疲惫却满脸幸福的她，以及粉雕玉琢、天真烂漫的他，回来了。三人把酒言欢，尽释前嫌，在这个国家留下了一段佳话。

爱情全仗缘分。有缘分的人，今生会携手共度、不离不弃；有缘无分的人，对方仅仅是来还你一段情的。

缘聚缘散总无强求之理。世间人，分分合合，合合分分谁能预料？该走的还是会走，该留的还是会留。去除执着心，让一切恩怨在岁月的流逝中淡去。那些深刻的记忆终会被时间的脚步踏平，过去的就让它过去好了，未来的才是我们该企盼的。

◆ 得不到你所爱的，就爱你所得的

很多时候，我们都会这样想：如果我出生在一个富贵之家就好了，衣食无忧，一马平川；如果我能再漂亮一点儿多好，那个长腿帅哥说不定就会看上我；如果我的钱再多一点，这次投资一定能赚得更多……可是，人生没有如果。

事情是这样，就不会是别的样子。每个人都会碰到一些不快，甚至是痛苦的事情，它们既然是这样，那么就不可能是别的样子，但是我们也可以有所选择：可以接受并适应它；或者干脆就让忧虑和抱怨毁掉我们的生活。

在不能够更改的事实面前，只一味地想着"如果……如果……"无疑是非常愚蠢的。并不是每个人都有反抗命运的能力，若是无力反抗，何不坦然接受命运的安排？有了这样的洒脱，你才能活得自在自得，活得幸福快乐。

读过《傅雷家书》的人想必很多，崇拜傅聪的人也定然不少，但说起傅雷的次子傅敏，可能就没有多少人知道了。不知情的人可能会以为，这是个扶不起的阿斗，否则生在这样一个文化世家，怎么会如此籍籍无名？但《傅雷家书》正是由于傅敏的编撰，才得以传世。

傅敏是个很有艺术天赋的人，但对于这个天赋，父亲傅雷却并不认同。少年时的傅敏也曾为自己抗争过，他要和哥哥傅聪一样，报考音乐附中，但被严父无情地拒绝了，理由是家里只能培养一个音乐家。在那个年代，父亲的话几乎就是圣旨，他无法违逆，于是遵照父命去教书。

　　傅雷老先生似乎将全部的爱和关注都给了大儿子傅聪，次子傅敏却连追求所爱的资格都没有，他的一生就被父亲这样独断专行地安排了。很多年以后，已成为著名钢琴家的傅聪在自传中提到，他回国无意中跟弟弟比手，发现弟弟的手比自己更柔软，能够张得更开，这是一双有足够条件成为艺术家的手。

　　同样的环境，甚至在天赋上更胜一筹，哥哥如此耀眼，自己却被迫放弃梦想，一无所有。想必，傅敏的心一定极度难受吧？但，他说："如今，我是有20多年教龄的中学教师了。我深深地爱上了自己的职业。"叶永烈为傅敏写的文章里说："学生是一团火。一接触天真无邪、活泼可爱的学生，傅敏心中的冰块立即融化了。"

　　傅敏这辈子不温不火，如果不是一而再、再而三的重编《傅雷家书》，他的名字几乎不会被大众提及。但他勤勤恳恳，数十年如一日投身教育事业。如果说，当初他是父命难违，心中或许带着不甘和怨愤，后来，他则深深爱上教育，甘之如饴奉献一生。他说："我为做一个中学教师而感到自豪。在外国人面前，我总是很响亮地说，我是中国的一个中学教师！"

　　独自等待，默默承受，也许还不是应对严苛命运的最好武

器。最好的抵抗其实是，得不到你所爱的，就爱你所得的。面对不可改变的事实，诗人惠特曼曾经这样说道："让我们学着像树木一样顺其自然，面对黑夜、风暴、饥饿、意外等挫折。"这不是所谓的逆来顺受，也不是不思进取，而是一种积极的人生态度。

接受事实是克服任何不幸的第一步。即使我们不接受命运的安排，也不能改变事实的分毫，我们唯一能够改变的只有自己的心境。把现在作为新的起点，总结经验，储蓄力量，等待好的时机，相信自己可以在不久的将来把新的梦想实现。不要用消极的心态去报复、去等待。即使是不甘心，对那些自己力所不能及的事情进行太多的关注，反而是在浪费时间，耗费不必要的精力。既然得不到你所爱的，就爱你所得的。

◆ 欣赏自己的不完美，因为它是你独一无二的特征

欣赏自己的不完美，因为它是你独一无二的特征。欣赏自己的不完美，因为有了它才使你不至于平庸。不完美使你区别于人，世界也因你的不完美而多了一点色彩。

人生确实有许多不完美之处，每个人都会有这样或那样的缺

憾。其实，没有缺憾我们就无法去衡量完美。那么，我们为什么不去欣赏自己的不完美呢？

一位人力三轮车师傅，50多岁，相貌堂堂，如果去当演员，应该属偶像派。当别人问他为什么愿做这样的"活儿"，他笑着从车上跳下，并夸张地走了几步给人家看，哦，原来是跛足，左腿长，右腿短，天生的。

问者很尴尬，可他却很坦然，仍是笑着说，为了能不走路，拉车便是最好的伪装，这也算是"英雄有用武之地"。他还骄傲地告诉别人："我太太很漂亮，儿子也帅！"

有这样一位女子，她喜欢自助旅行，一路上拍了许多照片，并结集出版。她常自嘲地说："因为我长得丑，所以很有安全感，如果换成是美女一个人自助旅行，那就很危险了。我得感谢我的丑！"

英国有位作家兼广播主持人叫汤姆·撒克，事业、爱情皆得意，但他只有1.3米，他不自卑，别人只会学"走"，他学会了"跳"，所以，他成功了。他有句豪言："我能够得到任何想要的东西。"

其实，在人世间，很多人注定与"缺陷"相伴而与"完美"相去甚远的。渴求完美的习性使许多人做事比较小心谨慎，生怕出错，因此，必然导致其保守、胆小等性格特征的形成。在现实生活中我们不难发现，有的人长得一表人才，举止得体，说话有分寸，但你和他在一起就是觉得没意思，连聊天都没丝毫兴致。这些人往往是从小接受了不出"格"的规范训练，身上所有不整

齐的"枝杈"都给修剪掉了，于是便失去了个性独具的风采和神韵，变得干巴、枯燥，没有生机，没有活力。客观地说，人性格上的确存在着"缺陷美"，即在实际生活中，那些性格有"缺陷"而绝对不属于十全十美的人反而显得更具有内在的魅力，也更具有吸引力。

不仅人自身是不完美的，我们生活的世界也是充满缺憾的。比如，有一种风景，你总想看，它却在你即将聚焦的时候巧妙地隐退；有一种风景，你已经厌倦，它却如影随形地跟着你；世界很大，你想见的人却杳如黄鹤；世界很小，你不想看见的人却频频进入你的视线；有一种情，你爱得真、爱得纯，爱得你忘了自己，而他（她）却视如垃圾，如果能够倒过来，多好，可以不让自己再忍受痛苦。世上有许多事，倒过来是圆满，顺理成章却变成了遗憾。然而，世上的许多事情正是在顺理成章地进行着，我们没办法将它倒过来。

缺陷和不足是人人都有的，但是作为独立的个体，你要相信，你有许多与众不同的甚至优于别人的地方，你要用自己特有的形象装点这个丰富多彩的世界。也许你在某些方面的确逊于他人，但是你同样拥有别人所无法企及的专长，有些事情也许只有你能做而别人却做不了！

学会欣赏自己的不完美，并将它转化成动力，才是最重要的。

中国古代哲学家杨子曾对他的学生们说：有一次，我去宋国，途中住进一家旅店里，发现人们对一位丑陋的姑娘十分敬重，而对一位漂亮的姑娘却十分轻视。你们知道这是为什么吗？学生们听了之后说什么的都有。杨子告诉他们，经过打听才知道，那位丑陋的姑娘认为自己相貌差而努力干活而且品格高尚，因此得到人们的敬重；那位漂亮的姑娘则认为自己相貌美丽，因而懒惰成性且品行不端，所以受到人们的轻视。

其实，做人的道理也是这样，是否被人尊敬并不在于外貌的俊与丑。美决不只是表面的，而有着更深层次的内涵。如果表面的美失去了应该具有的内涵，就会为人们所舍弃，那位漂亮姑娘就是最好的例证。勤能补拙，也能补丑，这是那位丑姑娘给我们的启示。

◆ 美酒需饮到微醉处，好花要看半开时

人生有无限的机会、无限的力量、无限的潜能、无限的意义。可以说，人生就是一个"无限"。但是，我们也不能因为无限，就毫无顾忌，妄肆而为。有时候，更应该有个"适可而止"的人生。强开的花难美，早熟的果难甜，天地的节气岁令，总有个时序轮换。悬崖要勒马，尸祝不代庖，举凡吾人的行事，也要有个分寸拿捏。《宝王三昧论》也说："于人不求顺适，人顺适则心必自矜。见利不求沾分，利沾分则痴心亦动。""适可而止"的

人生，实在可以作为座右铭的参考。

在生活悲欢离合、喜怒哀乐的起承转合过程中，我们应随时随地、恰如其分地选择适合自己的位置。先贤说："贵在时中"，时就是随时，中就是中和，所谓时中，就是顺时而变，恰到好处。正如孟子所说的："可以仕则仕，可以止则止，可以久则久，可以速则速。"鉴于人的情感和欲望常常盲目变化的特点，讲究时中，就是要注意适可而止，见好就收。一个人是否成熟的标志之一是看他会不会退而求其次。退而求其次并不是懦弱畏难。当人生进程的某一方面遇到难以逾越的阻碍时，善于权变通达，心情愉快地选择一个更适合自己的目标去追求，这事实上也是一种进取，是一种更踏实可行的以退为进。古人说："力能则进，否则退，量力而行。"我们在前文也有强调，自不量力、一味逞能实在是我们经营人生的大忌，当我们在一种境地中感到力不从心的时候，退一步或许就是海阔天空。

其实，人生很需要讲究一下"恰到好处"，这是一种什么样的意境呢？就是"美酒饮到微醉处，好花看到半开时"。明人许相卿也说："富贵怕见花开。"此语殊有意味。言已开则谢，适可喜正可惧。做人要有一种自惕惕人的心情，得意时莫忘回头，着手处当留余步。此所谓"知足常足，终身不辱，知止常止，终身不耻"。宋人李若拙因仕海沉浮，作《五知先生传》，谓做人当知时、知难、知命、知退、知足，时人以为智见，反其道而行，结果必适得其反。

然而尘世间，君子好名，小人爱利，大抵如此。可叹，人一旦为名利驱使，往往身不由己，只知进，不知退。尤其在中国古代的政治生活中，不懂得适可而止，见好便收，无疑是临渊纵马。中国的君王，大多数可与同患，难与处安。所以做臣下的在大名之下，往往难以久居。故老子早就有言在先："功名，名遂，身退。"范蠡乘舟浮海，得以终身；文种不听劝告，饮剑自尽。此二人，足以令中国历史臣宦者为戒。不过，人的不幸往往就是"不能知足"。

人在世上，知足就能常乐，见好就收，才是真正的聪明。《红楼梦》中第一回就讲"因嫌纱帽小，致使锁枷扛"。这不就贪婪的结果？曾听朋友说起这样一件事，颇觉有趣：他的姑婆，一位思想守旧的老人家，一生没有穿过合脚的鞋子，她那鞋总是最大号的。儿孙辈们不解，就问她，她是这样回答的："大鞋小鞋都花一样的钱，为什么不买大的？"

每每朋友说起这件事，总有一些人笑得直不起腰。但事实上，我们之中很多人就有姑婆这样的思想：明明身处不甚寒冷的南方，却偏偏要人给买貂绒大衣，结果显得那样不不伦不类；明明肠胃不好，有人请吃海鲜就大快朵颐，结果身体受罪……这些人总是想着能多占就多占，其实只是被内在贪欲推动着，就好像买了特大号的鞋子，忘了自己的脚一样。事实上，无论买什么鞋子，合脚才是最好，不论追求什么，最好还是适可而止。

然而，放眼看世间：权力场你争我斗，生意场上尔虞我诈，感情场上三心二意，股票场上得陇望蜀，最后往往都落得个鸡飞蛋打、人仰马翻，这不就是不知见好就收的结果。正所谓"知止

所以不殆"，人的欲望沟壑永远也填不满，谁若是一味地追求欲望，那么一生都不会体会到满足的幸福。

这世上没有常青树，也没有常胜将军，在人生这段旅程上，此一时有此一时的想法，彼一时有彼一时的境遇，环境在变，人就要随着应变，以求做出最好的自我调整。无疑，"适可而止，见好就收"的心态，更能令我们清晰地认知外界的这种变化。

大千世界，潮涨潮落，阴晴圆缺，成败得失，悲欢离合，万物自有其自身的发展规律，许多时候并不是人力所能转移的，如果我们固执于此，岂不是自己给自己添堵？"深信高禅知此意，闲行闲坐任荣枯"，看看这是一种多么洒脱的境界，做人做事当能及此一二，人生必是另一番皆大欢喜的大好局面。

3. 让平凡的生活花香满屋

　　不能享受平淡生活的人，大都因为心浮气躁。如果要把"浮躁"二字从心头抹去，就必须学会简朴生活和平淡生活。当然，拥有平淡生活，并非不思进取养成人生的惰性。

◆ 生活是平凡的叠影，生命是平淡的传奇

从某种意义上说，平凡也是一种奢侈品，是一种难得的福气。

现代人越来越浮躁，每个人都急切地盼望自己超越平凡，出人头地。然而，前冲后突，你争我夺，弄得自己身心疲惫之后，很多人还是一无所得。

事实上，我们都是平凡人，我们的生活也同样是平凡的。平凡是我们的属性，即使是在别人看来轰轰烈烈的罗密欧与朱丽叶的爱情，对他们自己来讲，实在也是最平凡不过的。

中国台湾著名作家刘墉有一位朋友，非常喜欢登山，国内著名的山峰他几乎全登遍了。有一次刘墉问他的朋友登山有什么感觉，他回答说，一则以喜，一则以悲，喜的是觉得自己很伟大，悲的是又感觉自己很渺小。当辛苦登上山巅之后，看万物都在脚下，那种"会当凌绝顶，一览众山小"的伟大感觉是最快乐的。但是当举目苍天、俯瞰大地时，又觉得在宇宙之中，自己是那么微不足道，而有"寄蜉蝣于天地，渺沧海之一粟"的悲哀。

身处天地之间，任何人都是渺小平凡的。每个人都有其伟大与平凡之处。世界上的大多数人并不伟大，是因为这个世界上更需要的是平凡人。没有平凡，也就体现不出伟大。有的人之所以伟大，并不在于他们干了什么惊天动地的伟大事业，只是他们平凡的人生同样光彩照人。任何生命——平凡的生命和伟大的生命，都是从零开始的。只是平凡的人离零近些，伟大的人离零远些。

当然，所谓平凡，并不是不思进取，无所作为，而是于平淡、自然之中，过一个实实在在的人生。平凡乃人生的一种境界。肤浅的人生，往往哗众取宠，华而不实，故弄玄虚；而平凡的人生，往往于平淡当中显本色，于无声处显精神。平凡在某种程度上来说，表现为心态上的平静和生活中的平淡。平淡的人生犹如山中的小溪，自然、恬静。平凡的人生也无须雕琢，刻意雕琢就会失去自然，失去本性。

清幽岁月浅浅行，应当无宠无辱，自在逍遥，持平凡心，做平凡人，自有享受平凡的妙处。持平凡心，不要总是企望着做伟人。虽无伟人的威仪，但也没有高处不胜寒，举手投足左顾右盼的尴尬；保持平凡心态，不要总想着登高位。虽无炙手可热、一呼百应的威势，但也不用煞费苦心伺机钻营，拍马溜须、见风使舵，也不会一朝马失前蹄树倒猢狲散，因贪欲难抑而身陷囹圄；持平凡心，无意经商成巨富。虽没有挥金如土的威风，但也没有终日搏击商场的疲惫，一朝不慎倾家荡产的处境。

做平凡人是一种享受：享受平凡，勤耕苦作有收获，不求名利少烦恼；享受平凡，看海阔天空飞鸟自在翱翔；看山清水秀，无限风光在眼前；享受平凡，不是消极，不是沉沦，不是无可奈何，不是自欺欺人。

◆ 繁花绚烂终归尘土，爱情绝美终隐于平淡

生命是一种轮回。人生之旅，去日不远，来日无多，权与势，名与利……统统都是过眼烟云，只有淡泊才是人生的永恒。

生活需要简单来沉淀。跳出忙碌的圈子，丢掉过高的期望，走进自己的内心，认真地体验生活、享受生活，你会发现生活原本就是简单而富有乐趣的。简单生活不是贫乏，不是麻木，它只是一种不让自己迷失的方法，你可以因此抛弃那些纷繁而无意义的事情，全身心投入你的生活，体验生命的激情和至高境界。

卢伟和他的妻子柳青原来同在一家国营单位供职，夫妻双方都有一份稳定的收入。每逢节假日，夫妻俩都会带着 5 岁的女儿小燕去游乐园打球，或者到博物馆去看展览，一家三口其乐融融。后来，经人介绍，卢伟跳槽去了一家外企公司，不久，在丈夫的动员下，柳青也离职去了一家外资企业。

凭着出色的业绩，卢伟和柳青都成了各自公司的骨干力量。夫妻俩白天拼命工作，有时忙不过来还要把工作带回家。5 岁的女儿只能被送到寄宿制幼儿园里。柳青觉得自从自己和丈夫跳到体面又风光的外企之后，这个家就有点旅店的味道了。孩子一个星期回来一次，有时她要出差，就很难与孩子相见。不知不觉中，孩子幼儿园毕业了，在毕业典礼上，她看到自己的女儿表演节目，竟然有点不认得这个懂事却可怜的孩子。孩子跟着老师学习了那么多，可是在亲情的花园里，她却像孤独的小花。频繁的加班侵占了周末陪女儿的时间，以至于平时最疼爱的女儿在自己的眼中也显得有点陌生了。这一切都让柳青陷入了一种迷惘和不安当中。

我们常发现自己莫名其妙地陷入一种不安之中，而找不出合理的理由。面对生活，我们的内心会发出微弱的呼唤，只有躲开外在的嘈杂喧闹，静静聆听并听从它，你才会做出正确的选择，否则，你将在匆忙喧闹的生活中迷失，找不到真正的自我。

一些过高的期望其实并不能给你带来快乐，但却一直左右着我们的生活：拥有宽敞豪华的寓所；幸福的婚姻；让孩子享受最好的教育，成为最有出息的人；努力工作以争取更高的社会地位；能买高档商品，穿名贵的时装；跟上流行的大潮，永不落伍。要想过一种简单的生活，改变这些过高期望是很重要的。富裕奢华的生活需要付出巨大的代价，而且并不能相应地给人带来幸福。如果我们降低对物质的需求，改变这种奢华的生活时装，我们将节省更多的时间充实自己。清闲的生活将让人更加自信果敢，珍视人与人之间的情感，提高生活质量。幸福、快乐、轻松是简单生活追求的目标。这样的生活更能让人认识到生命的真谛所在。

发生在人与人之间的爱情也是如此。

有一种爱情像烈火般燃烧，刹那间放射出的绚丽光芒，能将两颗心迅速融化；也有一种爱情像春天的小雨，悄无声息地滋润着对方的心灵。前者激烈却短暂，后者平淡却长久。其实，生活的常态

是平淡中透着幸福，爱情归于平淡后的生活虽然朴实但很温馨。

爱不在于瞬间的悸动，而在于共同的感动与守候。

有一对中年夫妇，是朝九晚五的上班一族。每天早上，先生都扛着自行车下楼，妻子拿着包，一手拿一个男式公文包，一手挎个女式包。走出楼梯口以后，先生放定了自行车，接过妻子手中的两个包，把它们放在车筐里，然后再仔细地调试一下车铃、刹车；再回头让妻子在车后座坐稳了，最后才跨上车用力一蹬，车子载着他们平稳地向前驶去。

先生从来都不会忘记回过头关照一下他的妻子，只见她如小公主一般幸福地坐在车后座上，双手优雅地搂着丈夫的腰，脸上洋溢着满足。先生举手投足间则透着对妻子的关爱，而妻子满脸的幸福也是对丈夫最好的报答。

几十年来，无数个朝朝暮暮，他们都是这么平静地生活着。岁月在他们脸上毫不留情地留下了皱纹，然而他们的心却依然年轻，仿佛还是热恋中的少男少女。骑着自行车的男人对妻子的爱虽然谈不上奢侈，但却是最朴实、最真切、最贴心的，它细微而持久，有如三月春雨沥沥地轻洒在妻子的心田。

这就是地老天荒的爱情，不必刻意追求什么轰轰烈烈的感觉；生活的点滴之中，就有一种"执子之手，与子偕老"的默契。细水长流的爱情，像春风拂过，轻轻柔柔，一派和煦，让人沉醉入迷。

耀眼的烟花很美，可那瞬间的绽放之后，就不再留存任何开放的痕迹。平淡之中的况味才值得细细体味。因为那才是生活真实的滋味。

◆ 到心灵静谧的地方走一走，何须行路匆匆

欲望是无尽的，特别是对于我们有限的一生来说，我们能够实现的欲望，实在是太少了。而对于大多数人来说，更多的时候生活都是处于一种平淡的状态，而正是这样平平淡淡的生活当中，才蕴含了我们苦苦追求的幸福。

但是，有太多的人总是过多地追求欲望的视线，而忽视了平淡当中蕴藏的幸福，我们无言地承受着欲望给我们带来的痛苦，可是却忘记了上帝赐予我们人生的礼物——幸福。对于大多数人来说，平平淡淡就是幸福。幸福就在我们每一个人的身边，何须千山万水地去寻找呢？

有一天，巴菲特先生接受一家杂志的采访，他穿着卡其布的裤子、夹克，系着一条领带。"我专门为此打扮了一番的。"他有点不好意思地说道。

他的女儿苏珊曾经这样评价他说："有一天，我和妈妈去商场，说：'咱们给他买一套新西服吧……他穿了30年的衣服我们看都看烦了。'所以，我就给他买了一件驼绒的运动夹克，仅仅是为了让他有两件新衣服。但是，他让我把衣服退掉。他说：'我有一件驼绒的运动夹克和一件蓝色运动夹克了。'他说话的语

气显然是非常地严肃，我不得不把衣服退掉。最后，我拿了一套衣服就出去了，他不知道。我甚至连衣服上的价格标签都没有看一眼。我在寻找一些穿着舒适且看起来样式有些保守的衣服。如果衣服的样子不是极端保守，他也不会穿的。"

苏珊继续补充说："他不把衣服穿到非常破旧是不可能换的。"

当然，实际上没有人会在意，巴菲特工作的时候穿的是晚礼服还是游泳衣。

偶尔的时候，巴菲特也会买一套西服，衣服的某个地方介于成衣和专门定制的衣服之间，因为他的衣服需要稍微地进行一下改动才会合身。

其实，巴菲特的低预算风是人尽皆知的。《华盛顿晚报》的凯瑟琳曾经这样说起她的商业老师："他这个人非常地节俭，有一次在一家机场，我向他借 1 美分硬币打个电话，他为把 25 美分的硬币换成零钱走出了好远。'沃伦，'我大声地叫道，'25 美分的硬币也行啊！'他有点羞怯地把钱递给了我。"

巴菲特总是自己开车，衣服到穿烂为止，最喜欢的运动不是高尔夫，而是桥牌；最喜欢吃的食品不是鱼子酱，而是玉米花；最喜欢喝的不是 XO 之类的名酒，而是百事可乐。当我们看到这个地球上的富翁也在过着和平常人一样的生活，那么我们普通的老百姓又有什么不知足的呢？

人生本来就是一个变化无常的过程，过分的执着则绝对是一种人生的大不智。

可能你是一个大忙人，为了生意上的事情东奔西走，苦心经营，风餐露宿，历尽艰辛。即使你财运亨通，但是也让你感到精疲力竭。其实人生之乐在于平淡，不在于高官厚禄，不在于香车宝马，不在于娇美妻子，不在于锦衣玉食，而在于平淡当中的真实，真实当中的平淡。

其实，追鹿的人是无法看到山的，捕鱼的人是无法欣赏到水的。他们只为了一个目的，而忽视了身旁的美景与灵动。

如果是站在山涧，倾听那潺潺的流水声、鸟语声，怎一个清字了得？闭上眼睛，想象着这么一幅画：瓦蓝的天空，和煦的阳光，连绵的山脉，休憩的马匹，甚至就连那流动的河水也停止了。

这是多么平静淡雅的生活，多么令人向往。每个人心中都应该有那么一个宁谧的地方。每当我们遇到不如意的时候，让我们抛开那些不如意吧，到那心灵中静谧的地方走一走，何须行路匆匆呢？

"非宁静无以致远，非淡泊无以明志。""宠辱不惊，闲看庭前花开花落；去留无意，漫随天外云卷云舒。"这些都是极妙的句子，读起来的时候真的可以感受到一种平淡的快乐。或许我们也可以拥有像陶渊明一样"采菊东篱下，悠然见南山"的闲情逸致，也可以有杜甫的《春夜细雨》的淡淡喜悦，还可以有李白"梦游天姥"的豪情……

其实，幸福是很简单，也很平淡的事情，它简单平淡到蕴藏在我们简单平淡的生活里，有的时候我们甚至感觉不到，但是在

内心深处，却有这么一个叫作幸福的种子在生根发芽，只要你能够给它以充足的水分和养料，那么它就会茁壮成长，关键是你一定要保持一颗平淡的心。平平淡淡的幸福，更令人向往！

◆ 在点点滴滴的生活中，学会感悟幸福的真谛

幸福其实就在点点滴滴的生活中，一个人的处境是苦还是乐，很多时候取决于主观的感受。同样是半杯水，消极的人说："我只剩下了半杯水。"而积极的人却说："我还有半杯水！"同样是拥有，但是却有两种截然不同的人生态度与价值判断，其实这就是两种截然不同的自我心理暗示。

快乐，是我们生活的源泉，只要有了生活，快乐就不会枯竭。其实，在我们的生活当中并不缺少快乐，缺少的是发现快乐的眼睛和感悟快乐的心灵。

当你把自己的轻松快乐存入银行的时候，你就会觉得，其实在这个地球上还是有许多快乐幸福的事情。

曾经有一位北京的朋友，他讲了一件令人感动的事。

"我家保姆是一位来自陕西大山里面的农村姑娘，刚满20岁，不识字。曾经听她说，她们家识字的只有她妹妹，妹妹现在在家乡读高中，成绩不错。有一天，她妹妹给她来了封信，她让我念

给她听。我拆开信后，几行清秀的字迹跃入了眼帘，读着读着，我就被信的内容深深感动了。

信里说，因为家里实在太穷了，她已经退学了，现在正在家里帮助父母忙农活。妹妹劝姐姐一定要珍惜北京的工作，不要去羡慕别人的生活，要自强自立，好好做人，其中有一句话是：幸福就是自身的感受。

在读完这封信之后，我的眼睛湿润了。一位不到20岁的农村姑娘，居然对人生竟有如此深的感悟，这能不令人感动吗！""幸福就是自身的感受"，这句话说得多么好呀！现在，许许多多的人腰缠万贯，但他们真的幸福吗？答案很显然，幸福从来都不是用金钱能够衡量的。

腹有万卷书的穷书生，并不想去和百万富翁交换钻石或股票。满足于田园生活的人也并不羡慕任何高官厚禄。

你的爱好就是你的方向，你的兴趣就是你的资本，你的性情就是你的命运。每个人有每个人理想的乐园，有自己所乐于安享的世界。

《伊索寓言》中有一个关于乡下老鼠和城市老鼠的故事。城市老鼠和乡下老鼠是一对好兄弟。有一天，乡下老鼠写了一封信给城市老鼠，信上这么写道："城市老鼠，有空请到我家来玩儿。在这里，你可以享受乡间的美景和新鲜的空气，过着悠闲的生活。你觉得怎么样？"

城市老鼠在收到信之后，高兴得不得了，立刻动身前往乡下。等到了乡下之后，乡下老鼠拿出很多大麦和小麦，放在城市

老鼠面前。

可是城市老鼠却不以为然地说：“你怎么能够一直过这种清贫的生活呢？住在这里，除了不缺食物，什么也没有啊，简直是乏味极了！还是到我家玩吧，我会好好招待你的。”

于是乡下老鼠就跟着城市老鼠来到了城里。

乡下老鼠看到如此豪华、干净的房子，心中羡慕极了。想到自己在乡下从早到晚都在农田上奔跑，以大麦和小麦为食物，冬天还要在那寒冷的雪地上搜集粮食，夏天更是会累得满身大汗，和城市老鼠比起来，自己简直是太不幸了。

它们聊了一会儿，就爬到餐桌上开始享受美味的食物。可是突然“砰”的一声，门开了，有人走了进来。它们被吓了一跳，飞也似地躲进了墙角的洞里。

乡下老鼠吓得忘记了饥饿。它想了一会儿，便戴起帽子，对城市老鼠说：“还是乡下平静的生活比较适合我。在这里虽然有豪华的房子和美味的食物，但是每天都过得紧张兮兮的，倒不如回乡下吃麦子来得快活。”

就这样，乡下老鼠离开城市回到乡下去了。幸福是一种感觉，一个人的处境到底是苦还是乐，这些全凭自己的判断，这和客观环境并不一定有着直接关系，就好像一个不爱珠宝的女人，即使是置身在极其重视虚荣的环境里面，也不会伤害到她的自尊。

人的一生是非常短暂的，有的时候像烟花般短暂炫目，一闪而逝。快乐也是一辈子，痛苦也是一辈子，为什么不让自己活得更快乐一些呢？幸福就好像一把魔杖，掌握在我们自己的手中。只要我们能够感悟一下心灵，谛听一下心灵，我们就可以找到幸福。

◆ 别对生活吹毛求疵，不如让自己粗糙点

休息了两天，星期一上班，却见同事无精打采，一脸疲倦。问其何故，答曰：整理房间，清理柜橱，大清扫，洗衣服、被褥、床单、窗帘，擦门窗、桌柜、地板，两天没闲着，比上班还累。这同事家曾经去过，异常的干净，名副其实的一尘不染，简直可以和星级酒店媲美。

但正如某广告词所言，能够有一个五星级的家固然是好，可是要看看付出的代价是不是太大。有的人为了装饰一个值得自豪的家，省吃俭用，置办高档家什，有了够星级的家，又得打扫除尘，天天忙个不停，这并不是一件合算的事。记得有一位名人曾经说过：并非所有的事情都值得全心全意去做。从这个意义上说：人，不如活得粗糙一点儿。家是休息的地方，相对舒适整洁一些就可以了。

活得粗糙点，就是多爱自己一点。家务活少干一点，朋友也不必多多益善。人说，多个朋友多条路，其实，也并不完全是那

么回事。有时，朋友太多了并不见多了路，反而多了许多负担。世界太大了，想做的事太多了，可是人生太有限了，能做得过来吗？

一位美国留学生与同学到北京朋友大海家吃饭，分菜时，大海有些细节问题没处理好，客人倒没注意，而且即使发现也不会在意。可是大海的妻子竟毫不留情地当众指责他："大海，你是怎么搞的！难道这么简单的分菜，你就永远都学不会吗？"接着她又对众人说："没办法，他就是这样，做什么都糊里糊涂的。"

诚然，大海确实没有做好，但这……美国留学生事后说，他很佩服大海，竟然能与妻子相处10余年而没有离婚。在他看来，宁可舒舒服服地在快餐店里吃汉堡，也不愿意一面听着妻子唠叨，一面吃鲍鱼、龙虾。

不久，这个留学生和妻子邀请几位朋友来到他们在中国的家中吃饭。就在客人即将登门之时，妻子突然发现有两条餐巾的颜色无法与桌布相匹配，留学生急忙来到厨房，却发现那两条餐巾已经送去消毒了。这怎么办？客人马上就要到了，再去买俨然已经来不及了，夫妻二人急得团团转。但他转念一想："我为什么要让这个错误毁了一个美好的晚上呢？"于是，他决定将此事放下，好好享受这顿晚餐。

事实上他做到了，而且，根本就没有一个人注意到餐巾的不匹配问题。

生命太短暂，无暇再顾及小事。其实，我们根本没有必要把所有事情都放在心上，做人不妨糊涂一点，将那些无关紧要的烦恼抛到九霄云外，如此你会发现，生命中突然多了很多阳光。

乡村有一对清贫的老夫妇，有一天他们想把家中唯一值点钱的马拉到市场上去换点更有用的东西。老头牵着马去赶集了，他先与人换得一头母牛，又用母牛去换了一只羊，再用羊换来一只肥鹅，又把鹅换了母鸡，最后用母鸡换了别人的一口袋烂苹果。

在每次交换中，他都想给老伴一个惊喜。

当他扛着大袋子来到一家小酒店歇息时，遇上两个英国人。闲聊中他谈了自己赶集的经过，两个英国人听后哈哈大笑，说他回去准得挨老婆子一顿揍。老头子坚称绝对不会，英国人就用一袋金币打赌，二人于是一起回到老头子家中。

老太婆见老头子回来了，非常高兴，她兴奋地听着老头子讲赶集的经过。每听老头子讲到用一种东西换了另一种东西时，她都充满了对老头的钦佩。

她嘴里不时地说着："哦，我们有牛奶了！"

"羊奶也同样好喝。"

"哦，鹅毛多漂亮！"

"哦，我们有鸡蛋吃了！"

最后听到老头子背回一袋已经开始腐烂的苹果时，她同样不愠不恼，大声说："我们今晚就可以吃到苹果馅饼了！"

结果，英国人输掉了一袋金币。

不要为失去的一匹马而惋惜或埋怨生活，既然有一袋烂苹果，就做一些苹果馅饼好了，这样生活才能妙趣横生、和美幸福，而且，你才有可能获得意外的收获。人常说难得糊涂，在细

枝末节上粗糙点，留着精力、留着体力去做真正有意义的事情，你的人生岂不是更有价值？

◆ 享受坦然的生活，追逐自然的幸福

天气晴朗时，是享受阳光的最好时刻。让自己时刻都处在好心情之中，不要总是强迫自己去想那些烦闷的事情，这样你就会拥有快乐的生活。

江南初春常有一段阴雨连绵的天气，很冷、很潮湿，这种天气通常会让人觉得沮丧，提不起精神。

但是，有一天早上，天气突然转晴了。虽然还有一些湿润的感觉，但空气很清新，而且很暖和，你简直无法想象还会有比这更好的天气。

这样的天气总是让人产生各种各样的遐想，而且会让人对生命充满信心。

站在阳光明媚的街道上，静静看着来往的人群，内心平静，但有一丝不易察觉的快乐在心底洋溢。

或许生活中有很多不尽如人意的地方，但抱怨又能解决什么？莫不如放平心态，去享受生活给予我们的一切，你会发现，原来"天气"一直不错。

很多时候，我们总是觉得生活亏待了自己，所以总是对生活怀有很大的怨气。这些怨气发泄出来的时候，又会牵连到我们身边的人，于是很多无缘无故的争吵，破坏了我们生活的和谐。

有两个有着特殊背景的人都有着亚洲血统，后来都被来自欧洲的外交官家庭所收养。两个人都上过世界各地有名的学校。但他们两个人之间存在着不小的差别：其中一位是 40 岁出头的成功商人，他实际上已经可以退休享受人生了；而另一个是学校教师，收入低，并且一直觉得自己很失败。

有一天，他们一起去吃晚饭。晚餐在烛光映照中开场了，他们开始谈论在异国他乡的趣闻逸事。随着话题的一步步展开，那位学校教师开始越来越多地讲述自己的不幸：她是一个如何可怜的孤儿，又如何被欧洲来的父母领养到遥远的瑞士，她觉得自己是如何的孤独。

开始的时候，大家都表现出同情。随着她的怨气越来越重，那位商人变得越来越不耐烦，终于忍不住制止了她的叙述："够了，你一直在讲自己有多么不幸。你有没有想过如果你的养父母当初在成百上千个孤儿中挑了别人又会怎样？"学校教师直视着商人说："你不知道，我不开心的根源在于……"然后接着描述她所遭遇的不公正待遇。

最终，商人朋友说："我不敢相信你还在这么想！我记得自己 25 岁的时候无法忍受周围的世界，我恨周围的每一件事，我恨周围的每一个人，好像所有的人都在和我作对似的。我很伤心无奈，也很沮丧。我那时的想法和你现在的想法一样，我们都有

足够的理由抱怨。"他越说越激动，"我劝你不要再这样对待自己了！想一想你有多幸运，你不必像真正的孤儿那样度过悲惨的一生，实际上你接受了非常好的教育。你负有帮助别人脱离贫困旋涡的责任，而不是找一堆自怨自艾的借口把自己围起来。在我摆脱了顾影自怜，同时意识到自己究竟有多幸运之后，我才获得了现在的成功！"

那位教师深受震动。这是第一次有人否定她的想法，打断了她的凄苦回忆，而这一切回忆曾是多么容易引起他人的同情。

商人朋友很清楚地说明他二人在同样的环境下历经挣扎，而不同的是他通过清醒的自我选择，让自己看到了有利的方面，而不是不利的阴影，即使你面前的墙将你封堵得密不透风，你也依然可以把它视作你的一种出路。

琐碎的日常生活中，每天都会有很多事情发生，如果你一直沉溺在已经发生的事情中，不停地抱怨，不断地自责，这样下去，你的心境就会越来越沮丧。一直只懂得抱怨的人，注定会活在迷离混沌的状态中，看不见前头亮着一片明朗的人生天空。

有时候，人生就是这样的，你坦然面对，却突然发现：天没放晴，是因为雨没下透，下透了，自然就晴了。所以，要学会控制自己的情绪，跟家人和朋友一起，享受坦然的生活，追逐自然的幸福。

◆ 饥来吃饭，困来即眠，就是福了

佛家有云："饥来吃饭，困来即眠，便是禅了。"

据说从前有一位大珠慧海禅师，他的修行已经达到了非常高的境界，远近皆知，很多人都慕名前来请教禅理。一天，一位来自律宗的有源律师前来拜访慧海禅师。

有源律师问慧海禅师："禅师，您的境界这么高，修道用功有何秘诀？"

慧海禅师回答："我没什么特别的方法，每一天只是饥来吃饭，困来即眠。"

有源律师有些不解，问道："每个人也都是吃饭睡觉，那岂不是和禅师一样在修行用功了吗？"

慧海禅师说："不一样！"

有源律师继续问道："怎么不一样？不都是吃饭睡觉吗？"

慧海禅师说："我和他们当然不一样。一般人吃饭时不肯吃饭，百般思索；睡觉时不肯睡觉，千般计较，所以有所不同！"

佛教的禅理总是借象征与隐喻将深奥的道理寓于浅显的生活经验之中，让世人去领会、去参悟。其实，生活本来就是很简单，肚子饿了就吃饭，乏了、困了就睡觉，再简单不过的事情，

却被世人弄得那般复杂。

世人终日为名利奔波，将自己弄得如同一部高速运转的机器一般，还以为自己是如何的有拼劲、如何的吃苦耐劳，到头来，拿着年轻时赚的钱为自己的健康埋单。

饥来吃饭，困来即眠，简单、自然就是福气，可是，又有几人能够遵循这最基本的常识呢？该吃饭时，为了工作、为了减肥，忍饥挨饿；不该吃饭时，虽然酒足饭饱，为了应酬硬要大吃大喝，结果落得一身病患。睡眠呢？同样得不到保证，还是为了加班、为了所谓的应酬，常常熬夜、通宵，时间久了又怎能不生病？

其实，人们吃不香、睡不着，还是因为精神压力太大、负累太多。房子总是觉得太小，车子总感觉没别人的好，钱怎么赚都嫌少。一个欲求得到满足，马上便会衍生出下一个欲望，得不到就想要，得到了又怕失去，总是患得患失，心态无法达到平衡，因而寝食难安，时时都在烦恼。

这时，我们需要简约一下自己的内心，因为简单是福。

在墨西哥海岸边，有一个美国商人坐在一个小渔村的码头上，看着一个墨西哥渔夫划着一艘小船靠岸，小船上有好几尾大黄鳍鲔鱼；这个美国商人对墨西哥渔夫抓住这么高档的鱼恭维了一番，问他要多少时间才能抓这么多？

墨西哥渔夫说，才一会儿工夫就抓到了。美国人再问，你为什么不待久一点，好多抓一些鱼？墨西哥渔夫觉得不以为然：这些鱼已经足够我一家人生活所需啦！美国人又问：那么你一天剩下那么多时间都在干什么?

墨西哥渔夫解释:我呀,我每天睡到自然醒,出海抓几条鱼,回来后跟孩子们玩一玩,再跟老婆睡个午觉,黄昏时晃到村子里喝点小酒,跟哥儿们玩玩吉他,我的日子可过得充满又忙碌呢!

美国商人对他的做法不以为然,帮他出主意,他说:我是美国哈佛大学企管硕士,我倒是可以帮你忙!你应该每天多花一些时间去抓鱼,到时候你就有钱去买条大一点的船。自然你就可以抓更多鱼,再买更多渔船。然后你就可以拥有一个渔船队。到时候你就不必把鱼卖给鱼贩子,而是直接卖给加工厂。或者你可以自己开一家罐头工厂。如此你就可以控制整个生产、加工处理和行销。然后你可以离开这个小渔村,搬到墨西哥城,再搬到洛杉矶,最后到纽约。在那里经营你不断扩充的企业。

墨西哥渔夫问:这要花多少时间呢?

美国人回答:15 年到 20 年。

墨西哥渔夫问:然后呢?

美国人大笑着说:然后你就可以在家当皇帝啦!时机一到,你就可以宣布股票上市,把你的公司股份卖给投资大众。到时候你就发啦!你可以几亿几亿地赚!

墨西哥渔夫问:然后呢?

美国人说:到那个时候你就可以退休啦!你可以搬到海边的小渔村去住。每天睡到自然醒,出海随便抓几条鱼,跟孩子们玩一玩,再跟老婆睡个午觉,黄昏时,晃到村子里喝点小酒,跟哥

儿们玩玩吉他。

墨西哥渔夫说：我现在不是已经这样了吗？

一生中拥有的内容太多太乱，使心思复杂，无形中增加了很多压力，困惑随之增多，也就妨碍了正常的生活，也损害了自己。

世界上的事，无论看起来是多么复杂神秘，其实道理都是很简单的，关键在于是否看得透。生活本身是很简单的，快乐也很简单，是人们自己把它们想得复杂了，或者人们自己太复杂了，所以往往感受不到简单的快乐，他们弄不懂生活的意味。

睿智的古人早就指出："世味浓，不求忙而忙自至。"所谓"世味"，就是尘世生活中为许多人所追求的舒适的物质享受、为人欣羡的社会地位、显赫的名声，等等。今日的某些人追求的"时髦"，也是一种"世味"，其中的内涵说穿了，也不离物质享受和对"上等人"社会地位的尊崇。

可怜的某些人在电影、电视节目以及广告的强大鼓动下，"世味"一"浓"再"浓"，疯狂地紧跟时髦生活，结果"不知不觉地陷入了金融麻烦中"。尽管他们也在努力工作，收入往往也很可观，但收入永远也赶不上层出不穷的消费产品的增多。如果不克制自己的消费，不适当减弱浓烈的"世味"，他们就不会有真正的快乐生活。

生活简单，没有负担。与其困在财富、地位与成就的迷惘里，还不如过着简单的生活，舒展身心，享受用金钱也买不到的满足来得快乐。

◆ 别被这个世界干扰，也别去干扰这个世界

苦难与烦恼，就像三伏天的雷雨，往往不期而至，突然飘过来就将我们的生活淋湿，你躲都无处可躲。就这样，我们被淋湿在没有桥的岸边，四周是无尽的黑暗，没有灯火、没有明月，甚至你都感受不到生物的气息。你陷入了深深的恐惧，以为自己进入了人间炼狱，唯唯诺诺不敢动弹。这样的人，或许一辈子都要留在没有桥的岸边，或者是退回到起步的原点，也许他们自己都觉得自己很没有出息。

请记住这句话：无论命运多么灰暗，无论人生多少颠簸，都会有摆渡的船，这只船就在我们手中！每一个有灵性的生命都有心结，心结是自己结的，也只有自己能解，而生命，就在一个又一个的心结中成熟，然后再生。

一个成熟的人，应该掌握自己快乐的钥匙，不期待别人给予自己快乐，反而将快乐带给别人。其实，每个人心中都有一把快乐的要是，只是大多时候，人们将它交给了别人来掌管。

譬如有些女士说："我活得很不快乐，因为老公经常因为工作忽略我。"她把快乐的钥匙放在了老公手里；

一位母亲说："儿子没有好工作，老大不小也娶不上个媳妇，我很难过。"她把快乐的钥匙交在了子女手中；

一位婆婆说："儿媳不孝顺，可怜我多年守寡，含辛茹苦将儿子带大，我真命苦。"

一位先生说："老板有眼无珠，埋没了我，真让我失落。"

一个年轻人从饭店走出来说："这家店的服务态度真差，气死我了！"

……

这些人都把自己快乐的钥匙交给了别人掌管，他们让别人控制了自己的心情。

当我们容忍别人掌控自己的情绪时，我们在头脑中便把自己定位成了受害者，这种消极设定会使我们对现状感到无能为力，于是怨天尤人成了我们最直接的反应。接下来，我们开始怪罪他人，因为消极的想法告诉我们：之所以这样痛苦，都是"他"造成的！所以我们要别人为我们的痛苦负责，即要求别人使我们快乐。这种人生是受人摆布的，可怜而又可悲。

积极的心态就是要我们重新掌控自己的人生，拿回自己快乐的钥匙。

二战时期，在纳粹集中营里，有一个叫玛莎的小女孩写过一首诗：

"这些天我一定要节省，我没有钱可节省，我一定要节省健康和力量，足够支持我很长时间。我一定要节省我的神经、我的思想、我的心灵、我精神的火。我一定要节省流下的泪水，我需要它们很长时间。我一定要节省忍耐，在这些风雪肆虐的日子，情感的温暖和一颗善良的心，这些东西我都缺少。这些我一定要节省。这一切是上帝的礼物，我希望保存。我将多么悲伤，倘若我很快就失去了它们。"

在生命都遭受到威胁的时刻，这个叫玛莎的小女孩仍然通过积极的暗示给灵魂取暖。她不怨天尤人，而是将希望之光一点点聚敛在心里，或许生命中有限的时间少了，但心中的光却多了。那些看似微弱的火光，足以照亮她所处的阴暗角落。

纵然生命都不能掌握，但快乐依然可以由我们自己来主宰，这就是积极心态的力量。

如果你处在寒冷的冬季，那么就去想象春天的生机，因为冬天来了，春天还会远吗？

如果你遭逢风雨，就去想象射穿乌云的太阳，因为它会带来彩虹的绚丽。

就算人生遇到了巨变，只要你去做快乐的想象，你就可以把苦涩的泪水留给昨日，用幸福的微笑迎接未来。

以我观物，万物皆着我之色彩。快乐的源泉是自己，而非他人！你想要快乐，就能制造快乐；你放弃快乐，就只能继续痛苦。以积极的心态去想象你的家人、你的朋友、你的工作，包括你自己，以感恩的心去感受生活，这样是不是快乐会多一点，痛苦会少一点呢？

其实，快乐并不在远方，它就在你身旁，你可以自主选择快乐，而快乐也很愿意自动留下来。

认识一位冥想老师，他练习瑜伽冥想多年。

那天问他："你每天笑得跟个天真的孩子似的，你的快乐是发自内心的、还是装给那些学生看的？如果是真的话，你是怎么做到的呢？"

他的回答是："我的快乐绝对是真实的。到了我们这个年纪，该经历的苦与乐都经历的差不多了。我的快乐源于一种感悟，总结起来就三个字'不干涉'。不让别人干涉你的情绪，你也别干涉自己的情绪。我给你解释一下：我们只要活着就会遇到一些人，有好人也有坏人；就会产生一些情绪，正面的、负面的都有，快乐或者不快乐。我们不要太受影响，不要让这些干涉你，你也不要去干涉这些情绪。人的本性是真善美，当你让那些好的、不好的情绪自己离开时，你就会发现，留下来的都是那些好的感觉，人就会积极，快乐。

排除世界的干扰，也不去干扰这个世界，让那些正能量、负能量自然而然地离开，我们就会开始接我们自己，领略内心的满足和快乐。我们也就握住了快乐的钥匙。

◆ 有时候，你只是输给了自己的不妥协

很多人将妥协、退让视为懦弱的表现，自认为针锋相对、寸土必争才是"好汉子"、"真英雄"。很明显，这类人的人生修为尚浅，做人的深度不足。其实很多时候，"退一步"并不意味着放弃努力和宣布失败，一些积极意义上的妥协是为了伺机行事，出奇制胜，是退一步而进两步。

我们先来看看下面这两则故事。

他是一家化妆品公司的推销员，他的公司几次想与另一家化妆品公司合作，但都未如愿。经过他的不懈努力，对方终于答应与他的公司合作！不过有一个要求：要在其化妆品广告词中加上该公司的名字。

他的老总不同意，认为这是在花钱替别人做广告，协商又陷入僵局，合作公司限他们在两天之内给予答复。

他到这个消息，直接找到老总，劝老总赶紧答应，否则一定会错失良机。老总不乐意："我坚决不妥协，他们这是以强欺弱。"

他认为把产品和一个著名的品牌捆绑在一起是有利的，经过他的一再努力，老总终于同意了合作条件。事情像他预料的一样，公司的生产蒸蒸日上，销售额直线上升，他也因此被提升为业务总经理。

她拥有一家三星级宾馆，经朋友介绍，她认识了一位名气很大的导演，导演准备在她的宾馆开一个新闻发布会。

她爽快地同意了，可在租金上却不能与对方达成协议。她要价4万，导演只答应出2万，双方争执不下。朋友劝她："你怎么这么傻，你只看到了2万，2万背后的钱可不止这个数，他们都是名人，平时请都请不来。"

她还是不妥协，坚持要4万，还对朋友说："你看你介绍的人，这么苛刻。"朋友生气："我没有你这个目光如豆的朋友。"说完，朋友抛开她，自己走了。

她旁边一家四星级宾馆的总经理听到这个消息，及时找到导演，说他愿意把宾馆大厅租给导演，而且要价不超过1.5万元。

于是，导演便租了这家四星级宾馆。开新闻发布会那几天除

了许多记者、演员外，还有不少慕名而来的影迷，十几层的大楼无一空室。而且因为明星的光临，这家四星级宾馆名声大噪。

她看到这一幕后，后悔得不得了，但一切都晚了，她只能谴责自己目光短浅。

故事中的两个人谁更聪明，谁才是强者，应该不用再多说了吧？从这两则故事中，我们不难看出一个事实：妥协有时就是通往成功的必要，就是在冷静中窥视时机，然后准确出击；这种妥协应是以退让开始，以胜利告终，表相是以对方利益为重，真相是为自己的利益开道。

妥协无疑是一种睿智，是我们处世的一项必要手段，它对于我们的人生起着微妙的作用，甚至可以改变人的一生。我们生存的世界充满了诡异与狡诈，人间世情变化不定，人生之路曲折艰难，充满坎坷。在人生之路走不通的地方，要知道退让一步、让人先行的道理；在走得过去的地方，也一定要给予人家三分的便利，这样才能逢凶化吉，一帆风顺。

中国有句格言："忍一时风平浪静，退一步海阔天空。"不少人将它抄下来贴在墙上，奉为处世的座右铭。这句话与当今商品经济下的竞争观念似乎不大合拍，事实上，"争"与"让"并非总是不相容，反倒经常互补。在生意场上也好，在外交场合也好，在个人之间、集团之间，也不是一个劲"争"到底，退让、妥协、牺牲有时也很有必要。而为个人修养和处世之道，让则不仅是一种美好的德性，而且也是一种宝贵的智慧。

辑二

不悲不怨，一池落花两样情

4. 领悟爱情，
在浮躁尘世中找到甜蜜归宿

　　爱，很简单，有时就是一杯水，只要爱存在，谁会计较外在的东西？那些把爱情搞得异常糟糕的人，想必是还没有真正懂得爱情的含义。

◆ 爱情的书，开篇是诗，其后便是平淡

现在的年轻人，总是对恋人充满了浪漫的幻想。他们不但要求自己的情侣细致体贴，还要浪漫富于情趣，否则便觉得爱情索然无味，甚至觉得不值得将爱情进行到底。

其实，这样的人往往走进了情感的死胡同，只一味寻求浪漫，却忽略了情侣深沉真挚的爱。

他是个很不错的人，对她也体贴，但是他话不多，也没有幽默感。而她偏偏喜欢日子充满情趣和浪漫，日子久了，她觉得他们相处的日子显得沉闷而压抑。

她开始感到不满了，说："你怎么一点情调没有呢？爱情不应当是这样的。"

他尴尬地笑笑："我怎么才能有情调？"

后来，她想离开他。他忧伤地问："为什么？"

她说："我讨厌这种死水般的生活。"

他又问："能不能不走？"

她说："不可能！"

他接着问："能不能有另外一种可能？如果今晚下雨了，就说明天意留人。"

她看看阳光灿烂的天空："如果没有下雨呢？"

他无奈地说："那我只好听从天意。"

到了晚上，她躺下了，但又睡不着，忽然听到窗外哗啦啦的雨滴声，她一惊：真下雨了？她起身走到窗前，窗户上正淌着水，望望夜空，不对呀，正满天繁星，这就怪了。她忙走出门外，爬上楼顶，天啊！他正在楼上一勺一勺地往楼下浇水。她心里一动，从背后轻轻地把他抱住。

此刻她才发现，他对她的真诚和在乎就是最好的浪漫。

浪漫是爱情的一种调味品，没有人不喜欢浪漫，无论是年轻人还是老年人，无论是富人还是穷人，只是表达的方式各有不同。但浪漫并不是生活的全部，平实的关爱才是最动人的，如果爱是真诚的，那么就不要在乎是平实还是浪漫。

在很多人看来，恋爱和浪漫几乎是等同的两个词。放眼望去，周围的情侣几乎都有比五花八门的言情小说还要炫目的浪漫体验。似乎每个人的爱情都有特别之处，有的有着奇异的相识经过，有的有着曲折的追求过程，有的沉浸于鲜花、烛光晚餐、小夜曲和郊游的幸福之中。但是几乎每个人都觉得自己的恋爱很平庸，即使是那些被羡慕的情侣也不觉得自己有什么特别浪漫之处，这真是件奇怪的事情。

其实爱情本来就是很平实的东西，开篇的时候有一些浪漫的亮点，但更多的是平淡无奇，而你看到的总是别人生活中的亮点，体味的总是自己生活中的平淡。其实浪漫与不浪漫又有什么？追求幸福才是爱情的真谛。

巴甫洛夫是俄国杰出的生物学家，32 岁才结婚。如同他杰出的研究成果一样，他的求婚举动也别具一格。1880 年最后一天，巴甫洛夫还在他的生理实验室搞研究，许多朋友在他家等他。天下雪，彼得堡市议会大厦的大钟敲了 11 下。一个同学不耐烦地说："巴甫洛夫真是个怪人。他毕业了，又得过金牌，照理可以挂牌做医生，那样既赚钱又省力。可他干吗要进生理实验室当实验员呢？他应该知道，人生在世，时日不多，应该享享福、寻寻快活。"巴甫洛夫的同学里面，有一个教育系的女生叫赛拉非玛。她听了那个同学的话，立刻站起来说："你不了解他。不错，人的生命是短促的，但正因为如此，巴甫洛夫才努力工作。他经常这样说：'在世界上，我们只活一次，所以应该珍惜生命，过真实的生活、有价值的生活。'"

又等了好久，巴甫洛夫还没来，同学们渐渐散去。赛拉非玛干脆到实验室门口去等巴甫洛夫。钟声响了 12 下，已经是 1881 年元旦了，巴甫洛夫才从实验室出来。他看到赛拉非玛，很受感动，挽着她的手走在雪地上。突然，巴甫洛夫按着赛拉非玛的脉搏，高兴地说："你有一颗健康的心脏，所以脉搏跳得很快。"赛拉非玛奇怪了："你这是什么意思？"

巴甫洛夫回答："要是心脏不好，就不能做科学家的妻子。因为一个科学家，把所有的时间和精力都放在科研工作上，收入又少，又没空兼顾家务，所以做科学家的妻子，一定要有健康的身体，才能够吃苦耐劳、不怕麻烦地独自料理琐碎的家务。"赛拉非玛当即会意，说："你说得很好，我一定会成为好妻子。"就在这一年，他们结婚了。科学家的求爱没有丝毫浪漫的成分，但科学家美满的婚姻却推动他成就了不朽的功业。

你可能真的是喜爱浪漫的人，可是现实生活容不得浪漫。那个浪漫的人，到了生活里不能继续浪漫了，你会失望，失望到你以为他在欺骗你。如果那个浪漫的人在生活里继续浪漫下去，那你就得把生活里所有不浪漫的事都担待下来，因为他不会去擦脏了的马桶，也不关心柴米油盐。那样，你会愤怒，以为是他把你的生活剥夺了，你恨不得要他赔。于是你对自己当初的选择后悔了，你的婚姻就很难找到幸福的踪影了。

有一对年近80的老夫妻，两个人都已是疾病缠身，但他们始终相敬如宾，经常可以见到他们互相搀扶着走进走出，令年轻人羡慕不已。有一天，一群年轻人忍不住跑到老人的家里，向老人求教爱情的秘诀。老人平静地说：我们相伴几十年，最深的体会是要互相尊重和照顾，很少想到什么是爱，即使想到了，也是彼此之间的恩情。

浪漫之情依赖于某种奇遇和新鲜感，其表现形式是一见钟情，或卿卿我我，两个人爱得销魂断肠，如痴如醉，难解难分。这样一种感情诚然是美好的，但很难持久，即使不结婚也一样维持不了多久。任何奇遇终会归于平凡，任何陌生都会变得熟悉。别试图用婚姻的形式把浪漫之情延续下去，这样做婚姻只会走入死胡同，真正的爱情是平实自然的。

◆ 不相疑，才能长相知

莎士比亚名著《奥塞罗》叙述了这样一个悲剧：

国王的女儿苔丝德蒙娜冲破家庭和社会的阻力，同奥塞罗将军结了婚。婚后的生活十分美满。然而，奥塞罗部下的一个军官尼亚古出于卑鄙自私的目的，编造谣言，制造陷阱，挑拨他们的夫妻关系，使奥塞罗对忠诚纯洁的妻子产生了猜疑之心，在一个漆黑的夜晚竟用被子将苔丝德蒙娜活活闷死了。后来，奥塞罗知道了事情的真相，追悔莫及，自刎于妻子的脚下。

我们的身边，也有着这样的家庭悲剧，这足以使我们警醒。

丈夫赵山深深地爱着他漂亮的妻子梁晴，他像一位老大哥似的整日看护着妻子，从走路姿势到头发式样，从一言一行到一举一动，从口红的浓淡到穿裤子还是裙子，可以说，他把满腔的爱都恨不得全部倾倒在妻子身上。对于他这种"老大哥"式的爱，他的妻子梁晴腻烦透了，她渴望冲出丈夫精心织下的爱网，自己独立到外面闯一闯。于是，经朋友介绍，她进了一个剧组，她认真的工作态度和高效率的工作赢得导演的好评。

有一次，天下起雨，下班后梁晴发现自己忘了带雨伞，她正准备冒雨回家时，导演关心地说："小梁，我用摩托车送你回家吧。"梁晴点点头，答应了。

就在导演带着梁晴冲出剧组大院时，迎面赵山骑着自行车给梁晴送伞。由于雨很大，坐在导演身后的梁晴没有发现丈夫赵山的身影，摩托车喷出一股黑烟，一溜烟地冲进了雨幕。赵山手里拿着雨伞，痴呆呆地望着两人远去的背影。于是，赵山便断定妻子梁晴和导演有染，一怒之下，请了长假，去广州度假。

赵山走后，梁晴竟然意外地发现自己怀孕了。做母亲的喜悦使她忘记了和丈夫之间的不快，她欣喜若狂地打电话告诉了丈夫。谁知，一盆冷水浇灭了她的喜悦，话筒那头传来丈夫冷冷的声音，冷得让人浑身打战，仿佛那是从地狱吹来的阴风。

"我不想要一个别人的孩子，你应该把这个好消息告诉你的导演。"说完，"啪"的一声，电话挂断了。丈夫的无情和多疑反而使梁晴生下孩子的决心更加坚定了。十月怀胎，一朝分娩。孩子那圆乎乎的大眼睛和上翘的小鼻子活脱脱是赵山的再版，事实不说即明，孩子无疑是他的亲骨肉。

赵山后悔了，他用了各种办法想挽回他的过失，唤回妻子的爱，但是，妻子梁晴那颗冰冷的心再也无法暖和过来。他们只好分手了。

猜疑是夫妻关系的大敌，是感情破裂的一大隐患。生活中遇到怀疑的事，不宜过早下结论，要客观、理智地去分析，才能够了解真相。古人云："人之相知，贵在知心。"夫妻之间更需加强了解以求心心相印，杜绝猜疑的发生。夫妻双方要做到忠贞专一，相互信任，共同对家庭负责，彼此忠诚，这样，不管什么样

的风浪，爱的小巢也会坚如磐石，安然无恙，永葆爱情的青春。

爱人是以信任为基础的，信任是对爱人最好的尊重，要相信自己的爱人是一个能够正确处理各种事务的人，是一个有着正常判断力的人，是一个懂得感情、懂得尊重、懂得自尊的人，要将爱人当一个真正的有独立人格的人看待。当我们看到爱人的某一行为，请不要把它想得那样庸俗和狭隘，他（她）肯定有自己的正当理由，或者为了公事，或者有什么事情需要双方协商，等等。

◆ 爱人就是爱人，只要去爱，不要比较

很多女人喜欢拿自己的爱人去跟别人做比较，在比较的过程中，逐渐扩大了爱人的缺点，忽视了他的长处，于是越看越觉得自己的爱人不顺眼，于是免不了口舌不断，战火连天。

其实，当初男肯娶女肯嫁，都代表着对对方相当的肯定，至少在结婚之初，大家确认对方是自己可以相守一生的伴侣。婚姻是既实在又琐碎的，激情消失之时，双方缺点暴露无遗，此时，切不要拿他恋爱时的模样与现在相比，更不要拿别人跟他比。

海飞和丈夫原本非常相爱，他们在同一家单位工作，生活虽不富裕却也其乐融融，后来，由于工厂不景气，海飞下岗了，无

奈中她投身商海，从小本买卖开始做起，经过近10年的打拼，竟也小有成就，买了商品房，有了车子，可是在社会上闯荡久了，她的要求越来越高，别人有的她都要有。欲望是无止境的，于是她对丈夫渐渐失去了最初的温柔和好感，对安心于每个月靠700块工资过生活的丈夫由失望变得厌恶起来，她再也不给他个好脸色了，当丈夫小心翼翼地求她生个孩子时，已经33岁了的她揶揄道："生孩子？你养得起吗？"

有一次，海飞遇到了老同学丽娜，丽娜嫁得不错，她那不屑的口气让海飞内心大受打击，想当初自己这朵校花是何等荣耀，当年是追不到自己的男孩才去追丽娜的，可是现在呢？

海飞越想越觉得委屈，晚上回到家里，脸色阴沉得可怕，丈夫以为她是累了，就赶紧给她放好洗澡水，还端来一杯热咖啡，可是丈夫的关心并没有让她感动，反而更让她看不起他，于是她将手中的咖啡杯重重地扔在了地上："你这种成天在老婆面前低三下四的男人什么时候才能有点出息呢？你看人家老赵，房子、厂子、车子，什么不是自己赚来的，再看看你，什么都靠老婆，住老婆买来的房，花老婆挣来的钱，你不就是一个吃软饭的吗？"

丈夫目瞪口呆了好大一阵，然后一言不发地走出了家门，从此住进了厂里的集体宿舍，不久丈夫就提出了离婚。这又让海飞很不舒服，因为她争强好胜已成习惯，觉得即便是离婚也应该是自己先提出来，现在居然要被自己的丈夫抛弃，她在心理上实在难以接受。但无奈丈夫的要求很坚决，最后两个人还是离婚了。

离婚后，原本对事业非常投入的海飞却发现，自己对工作再

也提不起兴趣了，往日所有的成就在她眼里好像一下子失去了意义。虽说也有不少人开始热心地给海飞介绍对象，可是那些男人要么就是拖儿带女的，强调婚后不会再要孩子；要么就是干脆冲着她的钱来的，这些都让她对再婚产生了抵触情绪。

有一天，她下班开车回家，堵车时，无意中看见她的前夫正和一个孕妇牵着手逛街，态度很亲昵，毫无疑问那个女人是他现在的妻子，她不由得羡慕起那个女人来了：她得到的也许只是一个很平凡或者可以说是很平庸的男人，但是有爱情，这对女人来说就足够了。

做女人，最不要比的其实就应该是爱人。爱人是用来爱的，不是用来比的。不管他与别人相比是如何的逊色，都应该把他当成心里的宝，因为妻子本身的角色就是爱，是爱的天使的化身。

◆ 如果用心经营，婚姻其实可以保鲜

婚姻中很多人可以共苦难，但享受苦难过后的甘甜时，反而生出了危机。我们在感叹婚姻多变的同时，不得不认真思考一下：是什么改变了婚姻？是人因为物质而变坏，还是人的本性就如此？又或是我们忽略了其他什么问题？

其实婚姻中所有问题的根本，就在于新鲜感的丧失，这可以

说是人的本性使然。人们对于事物的珍重，往往在追求它的过程中显得更突出。爱情也是这样，在追求异性的过程中显得无比的热情和急切，一旦过上夫妻生活就会有所冷淡。

你不妨静下心来回想一下，自打结婚以后，你们之间是不是不像恋人时期那样相互亲热和富有吸引力了？在你的心中，是否感觉过去的爱情丧失了一部分？答案应该是肯定的。有人说，婚姻是爱情的坟墓，就是对这种现象的夸大。

那么，爱情能否起死回生？这个问题取决于你们是否用心用情去经营。爱情像极了一株极品兰花，不是栽进婚姻的花盆中就万事大吉了，它还需要夫妻双方为它浇水、施肥、修剪枝叶，这样它才能保持最初的鲜艳与芬芳。

所以每年年终，就像呵护你的爱车、你的身体一样，为你的爱情做一次年检，这样能够最大限度地延长爱情的保鲜期。

王燕和老公结婚7年了。7年来，虽然平时也有吵闹，但日子过得还算幸福。很多人都奇怪，说这两人性格、爱好差异好大，居然还能生活在一块。其实，这种事只有当事人自己心里清楚：每年一次的"婚姻年检"就是他们为爱情保鲜的有效方式。

7年来，每年年终，王女士和老公都会对共同经营的婚姻进行一番年检。今年元旦那天晚上，他们对这段婚姻进行了第7次年检。

时间定在晚上7点，地点在市中心的浪漫咖啡屋。那天，先生来得很早，手里的红玫瑰把整个气氛衬托得十分浪漫温馨。二人约定，把这一年来彼此对婚姻的感受、对方的优缺点都写在一

张纸上，最后还要写出改进婚姻的建议以及第二年的生活计划。一杯咖啡喝完以后，他们的婚姻年检正式开始了。首先由先生发言，总的来说，他对这一年的婚姻状况比较满意，说了王女士许多优点，比如勤劳、温柔、孝敬父母、持家有方等；但同时也指出了王女士的一些缺点，比如有时只顾工作而忽略身体、有时不大注重形象而素面朝天等。

对于先生的中肯批评与表扬，王女士表示认同并承诺会改进。同时，她也指出了老公的不少优点与不足。比如他的事业心、责任心都很强，也关心家人，但建议他今后少抽烟、少喝酒。先生也非常高兴地接受了王女士的建议，表示今后会改掉这些毛病。

最后，他们对明年的婚姻如何经营，提出了许多美好而可行的建议。比如每天拥抱一分钟、周末一起去郊游、两年之内要一个小宝宝等。第二天，他们就把这次婚姻年检中发现的问题与来年的计划打印出来，贴在床头，时刻提醒自己，幸福的婚姻应该朝这个方向经营。

其实，只要用心去经营，婚姻是可以保鲜的，爱情是可以永存的。你应该看到过这样的老人，他们手拉着手在夕阳中漫步，你能说他们之间已经没有了爱情？对于婚姻的冥想，就是希望我们每个人都能掌握好经营爱情的策略，这样爱情就会像一坛美酒，在岁月的洗礼下越积越醇，越积越香。

◆ 没有宽容与理解的婚姻，就如同薄脆的饼干

在生活中，一个不允许不同声音出现的人，会变得越来越自我，同时也加大了其与人正常交往的难度。在家庭中，当我们要张口指责对方之时，请多想想自己有没有错，同时一定要给予对方说话的权利，因为唯有民主、宽容、相互理解的家庭，才能够铸造出令人艳羡的和谐。

没有宽容与理解的婚姻，就如同薄脆的饼干，轻轻一掰就会碎裂。两个人在一起，缺不了"容"与"忍"，否则婚姻就会没有张力、没有韧性，很容易就会被一些琐事繁情所击碎。有时候，对身边的人多一些宽容与理解，你会发现生活原来一直都很丰富、都很美好。

在加拿大魁北克山麓，有一条南北走向的山谷，山谷没有什么特别之处，却有一个独特的景观：西坡长满了松柏、女贞等大大小小的树，东坡却如精心遴选过了一般——只有雪松。这一奇景异观曾经吸引不少人前去探究其中的奥秘，但却一直无人能够揭开谜底。

一对婚姻濒临破裂而又不乏浪漫习性的加拿大夫妇，准备作一次长途旅行，以期重新找回昔日的爱情。两人约定：如果这次

旅行能让他们找到原来的感觉就继续生活，否则就分手。当他们来到那个山谷的时候，正巧下起了大雪。他们只好躲在帐篷里，看着漫天的大雪飞舞。不经意间，他们发现由于特殊的风向，东坡的雪总比西坡的雪下得大而密。不一会儿，雪松上就落了厚厚的一层雪。然而，每当雪落到一定程度时，雪松那富有弹性的枝丫就会向下弯曲，使雪滑落下来。就这样，反复地积雪，反复地弯曲，反复地滑落，无论雪下得多大，雪松始终完好无损。而西坡的雪下得很小，那些松柏、女贞等树上都落满了雪，可是并不多，所以也没有受到损害。

看到这种情景，妻子若有所悟，对丈夫说："东坡肯定也长过其他的树，只不过由于没有弹性，而被大雪压折了。"丈夫点了点头，两人似乎同时恍然大悟，旋即忘情地紧拥热吻起来。丈夫兴奋地说："我想我们可以重新在一起生活了——以前总觉得彼此给予的压力太多，觉得太累太烦，可是事实上我们是能够承受的；即使承受不了，也可以像雪松弯曲一样，这样生活就轻松多了。"

也许你也见过这样的夫妻，看起来各方面都很适合，可是就因为一些生活上的小习惯而不断发生冲突，有时候甚至只是因为牙膏该从中间挤还是从尾端挤这样微不足道的小事，却有可能摧毁一桩婚姻。

烦琐的家事、日益增长的家庭开销，很大程度上会影响夫妻双方的心情。婚前的种种憧憬与婚后的现实生活相去甚远，爱情在承受着从浪漫到现实的考验，久而久之，必然会令夫妻双方感到疲惫。其实保持婚姻的完整并不难，只要多一些宽容、多一些理解，你就可以用宽广的胸怀维持婚姻的美满。

有人说，婚姻是这样一种奇怪的事物，它使得两个本来陌生的人凝聚在一起，彼此磨合着原本独具个性的棱角，可是又总会被彼此的棱角给刺伤。若是夫妻双方都能多些生活的智慧，彼此忍耐、宽容，像雪松一样懂得适时地缓解压力，那么婚姻是可以更长久、更幸福的。

◆ 白头偕老不仅需要爱情，更需要彼此的理解和礼让

爱情的成功与否其实暗含着很多原因。我们要有付出的能力、理解的能力、宽容的能力和自我承担的能力。付出才能得到回报，理解和宽容才能营造爱情继续生长的环境，自我承担才不致使爱情成为萎靡不振的祸首。

在日常的生活中给对方多一些理解，在细节中给予对方更多的关心和体贴，不动辄揪住"鸡毛蒜皮"的小事不放，你会发现生活更美好了，家庭更和睦了。例如，妻子娘家来人，丈夫疏忽，忘了给客人沏茶。妻子大声呵斥起来："你这样不懂规矩，是不是看不起他们？你看不起他们，就是看不起我……"这时，

丈夫决不能采取"以牙还牙"的顶撞态度，而应有"宰相肚里能撑船"的气量，暂且不去计较妻子的话说得难听或是否符合事实，而要多想妻子平时对自己的恩爱，过后再找机会向妻子说明原因，并指出她在来人面前奚落丈夫是不对的，这样就可避免一场不愉快的"冲突"。

一次，夫妻二人决定坐下来好好谈谈。

妻子说："你有多久没有回家吃晚饭了？"

丈夫说："你有多久没有起床做早饭了？"

妻子说："你不回家陪我吃晚饭，我有多寂寞啊。"

丈夫说："你不给我做早饭吃，你知道上午工作时我多没有精神。上司已经批评我好几回了。"

"早饭你可以自己弄的啊，每天回来那么晚吵我睡觉，我怎么能起得来。你可以不回来陪我吃晚饭，我就可以不给你做早饭。"妻子不高兴地说。

"你知道我一天上班有多辛苦，压力有多大。一个晚饭，自己吃怎么了，难道你还是孩子，要我喂你不成？"丈夫也没有好气地说。

妻子抱怨说："你总是喝得烂醉而归，有多久没有给我买花，多久没有帮我做家务了。"

丈夫也不甘示弱地说："你知道你做的饭有多难吃，洗的衣服也不是很干净，花钱像流水，有多久没有去看我的父母了……"

就这样，夫妻二人你一句我一句地互不相让，最后竟翻出了结婚证要去离婚。

　　在去街道办事处的路上，他们遇见了一对老夫妇正相互搀扶慢慢走着，老妇人不时掏出手帕给老公公擦额头上的汗，老公公怕老妇人累，自己提着一大兜菜。这对年轻夫妇看到这个情景，想起了结婚时的誓言："执子之手，与子偕老。休戚与共，相互包容。"可是现在竟然……

　　于是他们开始互相检讨。丈夫说："亲爱的，我真的很想回家陪你吃饭，可是我实在工作太忙，常常应酬，并不是忽略你啊。"

　　妻子不好意思地说："老公，我也不对，不应该那么小气，你在外工作挣钱不容易，早上我不应该赖床不起的。"

　　"早饭我可以自己热，每天回家那么晚一定吵你睡不好觉，你应该多睡会儿的。"

　　丈夫忙说："刚才在家我不应该那么凶地和你说话，我知道自己身上有很多毛病……"

　　妻子也忙检讨自己……

　　就这样，这场离婚风波平息了。从这之后，夫妻俩变得互敬互爱，彼此宽容忍让，更多地为对方着想，恩恩爱爱。其实，导致婚姻失败、爱情终结的常常都不是什么大事，而是一些日常琐碎小事中的摩擦。

　　相互理解才能让彼此互相交流、融洽，相互理解才能让感情维系长久。埋怨只能让彼此疏远，让爱情更早地被葬送。但宽容也是有原则的，并不是一味地忍让，而是不要斤斤计较、付出就

索取回报。要常常换位思考一下，不要把自己的想法强加于人，要给予对方解释的机会。

有时候婚姻的另一方，一不小心撒了谎，大可不必刻意去揭穿他，更不用和他拼命，就算你洞悉一切，你仍然可以傻傻地笑着说，我只是担心你。潜台词就是我知道，但我不打算计较。特别是有第三方在场的时候，你给他留足了面子，他一定会心存感激，感激你的包容和护佑，会把你当成同盟，当成分享秘密的另一方，这种唾手可得的甜蜜，何必推辞掉?

白头偕老不是一句空泛的誓言，而是融入我们每一天的生活细节里的行动。白头偕老不仅仅需要爱情的支撑，更需要彼此的理解和礼让，而这理解正体现在日常生活中。

◆ 像爱孩子一样爱他，消除自爱与爱他的边界

婚姻中的双方，应该是多角色的扮演者：孤独时你是他的朋友；困难时你是他的兄弟或姐妹；思念时，你是他的爱人。这样的角色，确实复杂，但是要扮演好它，其实也很简单，只要你愿意把爱人当成孩子，像爱孩子一样爱他。

想一想，你是怎样爱孩子的：

当孩子惹你生气以后跑出去疯玩时，你还是会为他留下可口

的饭菜，对孩子，你很大度；

当孩子犯了有些严重的错误时，你还是会原谅他，因为他还小，对孩子，你充满了理解；

无论你对孩子多好，他都有可能没心没肺不知心疼你，而你会一如既往地为他洗洗涮涮，买衣做饭，为他做你能做到的一切，对孩子，你给予了无限包容；

……

婚姻中的双方，如果都能像爱孩子一样爱着对方，给予对方无限的大度、理解、包容、温柔和爱护，那么又怎会找不到幸福的感觉？

她的体质不好，一到换季就发烧、咳嗽。每次她生病，除了变着花样做可口的饭菜之外，一天为她量几次体温更成了他的必修课。

每次他都先摸摸她的掌心，再用额头贴贴她的额头，最后，再用体温计给她量一遍。有时，她心情不好，就拿他撒气："你烦不烦啊，当我是'变温'动物呢？"他不气不恼，脸上堆笑，边给她掖被子边说："不烦不烦，跟老婆亲密接触我欢喜着呢。"她嘴上说他耍贫嘴，可那种暖暖的熨帖，却立刻传遍了她全身。

当年他向她求婚时，曾经说过："我知道你身体不好，只要你同意嫁给我，我会为你制订一个长期的'养妻'计划，把你由'药罐子'养成'蜜罐子'。"就冲这句话，她毫不犹豫地嫁给了他。

结婚的第一天，他便开始兑现自己的承诺：

为了改掉她睡懒觉的坏习惯，经常加夜班的他坚持每天早晨6点起床陪她一起跑步；每月她的"非常时期"，他不许她沾一点冷水，让她享受公主般的待遇；流感季节，他给她买卡通口罩，在家里实施醋熏疗法，对病毒"严防死守"；刚入秋，他就开始熬姜汤、炖蜜梨，为她防"寒"于"未然"；她偶尔生病，他更是宝贝似的呵护着，一刻不离左右地伺候着。婚后半年，她脸色变红润了，细瘦的胳膊腿也圆润起来，浑身散发着生命的活力。她一脸娇嗔地问："你就不怕惯坏了我？"他嘿嘿一笑，说："娶老婆，就是为了身边有个想怎么宠就怎么宠的人啊。"

　　当病后初愈的她胃口大开，津津有味地把眼前的美食一扫而光时，他就像得到了莫大的奖赏，眼窝里洋溢的都是满足与笑意；当她对着镜子懊恼衣服有些"紧"、腰身显胖时，他则乐得跟小孩子似的，抱起她一连转几个圈儿，说是犒劳自己"养妻有方"。

　　那晚，她饶有兴致地看电视里的一档娱乐节目。场上的嘉宾各怀绝技，其中有一位"活秤王"卖鱼不用秤，用手一掂量就能说出斤两，且不差毫厘。她边看边啧啧称赞，他冷不丁地冒出一句："我也有绝活呢。"她想他又在故弄玄虚，便故意不理他。

　　"怎么，不信啊？"他凑到她耳边，说："你的体温，我不用体温计量，就能说出多少度。我每次给你量体温，先用'手'量，再用'脑门'量，然后才用体温计测，就是为了练就这一身绝活呢。晚上，你睡着了，我不知道你的烧退了没有，又怕用体温计弄醒了你，就用我这个'活体温计'一遍遍给你量。结婚的时候，岳母大人跟我说，你小时候得过肺炎，导致胸腔积水，最怕的就是发高烧，我想，我有了这个绝活，天天给你量体温，不就放心啦？"他絮絮叨叨地说着，而泪水早已模糊了她的视线。

他拥她入怀，吻了吻她的额头，说："三十六度五。"她闭上了眼睛，任幸福的潮水将自己淹没.

这样的爱人，你能否做得到？其实爱的极致就是消除自爱与爱他（她）的界限，就像爱孩子一样爱你的爱人：

呵护他，哪怕是男人，也需要温暖；

陪他成长，容纳他一切的不良习惯，用你的温柔和诚意引导他改掉那些毛病；

照顾他，每天早起为他做可口的早餐；晚睡为他准备好第二天要穿的衣物；

做他的倾听者，与他分享快乐、分担痛苦。他有了开心事，你要比他还开心；他有了烦恼，你要及时地安抚、积极地鼓励；累的时候抱着他安然入睡，玩的时候陪他忘乎所以。

给他足够的时间与空间，尊重彼此的独立，给他一定的自由；

包容他，允许他犯错误，只要不是原则性的问题，给予他改正的机会；

激励他，及时赞美他哪怕一丁点的优点，让他随时自信满满；

相信他，杜绝无端的猜忌。

总之，像爱孩子一样去爱他，只要他是一个值得这样去爱的人。

◆ 过多的自作多情，是在乞求对方的施舍

人活着，会有许多羁绊和许多欲望，这些东西要是拿掉了，人就会变得很轻松，如果总是背着，最终有可能累死在路上。生活原本是非常纯朴、简单的，学会舍弃自己不特别需要、对人生益处不大的东西，学会放手，保持一颗简单和明朗的心，你会觉得其实生活真的很美好。

人，正因为不懂得舍弃才会有许多痛苦。当自己有了舍弃和清理自己的智慧时，就会豁然开朗，生命会马上向你展现出另外一个截然不同的景致。

雪儿因为她爱的人娶了别人而一病不起，家人用尽各种办法都无济于事，眼看她一天天地消瘦下去，家人、朋友真是看在眼里，急在心里。

后来，她的妈妈便带她去看了心理医生。心理医生很快便找到了病情的症结，于是耐心开导她并说："其实喜欢一个人，并不一定要和他在一起，虽然有人常说'不在乎天长地久，只在乎曾经拥有'，但是并不是所有拥有的人都感觉到快乐。喜欢一个人，最重要的是让他快乐，如果你和他在一起他不快乐，那么就勇敢地放手吧！"

的确如此，喜欢一个人，就要让他快乐、让他幸福，使那份感情更诚挚。在心理医生的耐心开导下，雪儿变得开朗了，也不再郁郁寡欢，而她的病也一下子就没有了。

有些女孩常如此抱怨："我很爱我的男朋友，为了他我愿意放弃任何东西，他喜欢的我都会去做，他不喜欢的我就不去做。我对他简直是好得不能再好，可他不是很爱我。我也觉得这样太没自我了，可是我真的无法想象我离开他的日子，我觉得我会死的，我总想有一天他也会很爱我的。"

这当一个人因爱情迷失自我时，就放弃了得到认可和尊重的权利。经营婚姻和爱情，就像手中抓住的沙子，握得越牢，越容易流失。很多人为了经营爱情，放弃了很多，甚至放弃了事业，竭尽全力想抓牢这份爱，但终究失败了。一个人如果把自己的感情全部寄托在别人身上，舍弃了自尊、自我价值，幸福生活就没有保障。

《卧虎藏龙》里有一句很经典的话：当你紧握双手，里面什么也没有；当你打开双手，世界就在你手中。紧握双手，肯定是什么也没有，打开双手，至少还有希望。很多时候，我们都应该懂得放弃，放弃才会使自己身心愉快，才会使自己获得快乐！

有的时候路走错了，如果你毫无意识地继续走下去，那么你将会离目标越来越远，这个时候能够停下来就是进步。

◆ 在回忆里继续梦幻，不如转身走进天堂

爱情是两个原本不同的个体相互了解、相互认知、相互磨合的过程。磨合得好，自然是恩爱一生，磨合得不好，便免不了要劳燕分飞。当一段爱情画上句号，不要因为彼此习惯而离不开，抬头看看，云彩依然那般美丽，生活依旧那般美好。其实，除了爱情，还有很多东西值得我们为之奋斗。

放下心中的纠结你会发现，原本我们以为不可失去的人，其实并不是不可失去。你今天流干了眼泪，明天自会有人来逗你欢笑。你为他（她）伤心欲绝，他（她）却与别人你侬我侬，自得其乐，对于一个已不爱你的人，你为他（她）百般痛苦可否值得？

一个失恋的女孩在公园中哭泣。

一位老者路过，轻声问她："你怎么啦？为什么哭得这样伤心？"

女孩回答："我好难过，为何他要离我而去？"

不料老者却哈哈大笑，并说："你真笨！"

女孩非常生气："你怎么能这样，我失恋了，已经很难过，你不安慰我就算了，还骂我！"

老者回答说："傻瓜，这根本就不用难过啊，真正该难过的应是他！要知道，你只是失去了一个不爱你的人，而她却是失去了一个爱他的人及爱人的能力。"

　　是的，离开你是他的损失，你只是失去了一个不爱你的人，离开一个不爱你的人，难道你真的就活不下去吗？不，这个世界上没有谁离不开谁，离开他你一样可以活得很精彩。请相信缘分，不久的将来，你一定可以找到一个比他更好，更懂得珍惜你的人。是的，与其怀念过去，不如好好把握将来，要相信缘分，未来你可能会遇到比他更好的，更懂得珍惜你的人！

　　有些事，有些人，或许只能够作为回忆，永远不能够成为将来！感情的事该放下就放下，你要不停地告诉自己——离开你，是他的损失！

　　肖艳艳一直困扰在一段剪不断、理还乱的感情里出不来。

　　吴清的态度总是若即若离，其人也像神龙一样，见首不见尾。肖艳艳想打电话给他，可是又怕接的人会是他的女朋友，会因此给他造成麻烦。肖艳艳不想失去他，可是老是这样，有时自己也会觉得很无奈，她常常问自己："我真的离不开他吗？""是的，我不能忘记他，即使只做地下的情人也好。只要能看到他，只要他还爱我就好。"她回答自己。

　　但是该来的还是会来。周一的下午，在咖啡屋里，他们又见面了。吴清把咖啡搅来搅去，一副心事重重的样子。肖艳艳一直很安静地坐在对面看着他，她的眼神很纯净。咖啡早已冰凉，可是谁都没有喝一口。

他抬起头，勉强笑了笑，问："你为什么不说话？"

"我在等你说。"肖艳艳淡淡地说。

"我想说对不起，我们还是分开吧。"他艰涩地说。"你知道，我这次的升职对我来说很重要，而她父亲一直暗示我，只要我们近期结婚，经理的位子就是我的。所以……"

"知道了。"肖艳艳心里也为自己的平静感到吃惊。

他看着她的反应，先是迷惑，接着仿佛恍然大悟了，忙试着安慰说："其实，在我心里，你才是我的最爱。"

肖艳艳还是淡淡地笑了一下，转身离开。

一个人走在春日的阳光下，空气中到处是春天的味道，有柳树的清香，小草的芬芳。肖艳艳想："世界如此美好，可是我却失恋了。"这时，那一种刺痛突然在心底弥漫。肖艳艳有种想流泪的感觉，她仰起头，不让泪水夺眶。

走累了，肖艳艳坐在街心花园的长椅上。旁边有一对母女，小女孩眼睛大大的，小脸红扑扑的。她们的对话吸引了肖艳艳。

"妈妈，你说友情重要还是半块橡皮重要。"

"当然是友情重要了。"

"那为什么月月为了想要萌萌的半块橡皮，就答应她以后不再和我做好朋友了呢？"

"哦，是这样啊。难怪你最近不高兴。孩子，你应该这样想，如果她是真心和你做朋友就不会为任何东西放弃友谊，如果她会轻易放弃友谊，那这种友情也就没有什么值得珍惜的了。"母亲轻轻地说。

"孩子，知道什么样的花能引来蜜蜂和蝴蝶吗。"

"知道，是很美丽很香的花。"

"对了，人也一样，你只要加强自身的修养，又博学多才。当你像一朵很美的花时，就会吸引到很多人和你做朋友。所以，放弃你是她的损失，不是你的。"

"是啊，为了升职放弃的爱情也没有什么值得留恋的。如果我是美丽的花，放弃我是他的损失。"肖艳艳的心情突然开朗起来了。

若是一个人为名利前途而放弃你们之间的感情，你是不是应该感到庆幸呢？很显然，这样的人不值得你去爱。

事实告诉我们，对待感情不可过于执著，否则伤害的只能是自己。

◆ 曾经你觉得你最爱的人，也许并不是最爱你的人

经历了许多的人、许多的事，你就会明白：这个世界上，没有什么是不可以改变的。美好、快乐的事情会改变，痛苦、烦恼的事情也会改变，曾经以为不可改变的，许多年后，你就会发现，其实很多事情都改变了。而改变最多的，竟是自己。不变

的，只是小孩子美好天真的愿望罢了！所以当一份感情不再属于你的时候，就果断地放弃它，然后乐观等待你的下一次！

其实，人生最怕失去的不是已经拥有的东西，而是失去对未来的希望。爱情如果只是一个过程，那么失去爱情的人正是在经历人生应当经历的，如果要承担结果，谁也不愿意把悲痛留给自己。要知道，或许下一个他更适合你。

郑艳雪花龄之际爱上了一个帅气的男孩，然而对方不像郑艳雪爱他那样爱自己。不过，那时的沐冰对爱情充满了幻想，她认为只要自己爱他就足够了，自己只要有爱，只要能和自己爱的人在一起，这一辈子就是幸福的。于是，情窦初开的郑艳雪不顾闺蜜劝说，毅然决然地嫁给了那个男孩。然而，婚后的生活与郑艳雪对于爱情的憧憬完全是两个样子，从结婚那天起，沐冰的幸福就告一段落。她的丈夫爱喝酒，只要喝醉了就对她拳脚相加，即便是在外边惹了气，回到家中也要拿她来撒气。2 年以后，沐冰产下一女，丈夫对她的态度更不如前，就连婆婆也对她骂不绝口，说她断了自家的香火。

后来，她丈夫又勾搭上了别的女人，终日里吵着要离婚，最终郑艳雪忍受不了屈辱，签下离婚协议书，带着不足 3 岁女儿远走他乡。

时已年近 30 郑艳雪虽然被无情的岁月、困难的命运褪去了昔日的光鲜，却增添了几分成熟女人的韵味，依旧展现着女人最娇艳的美丽。于是，便有媒人上门提亲，据说对方是个过日子的男人，就因为当年成分不好耽搁了终身大事，改革开放后靠手艺吃饭。郑艳雪因为想给女儿一个完整的家，所以当时并没有考虑对方是不是自己爱的人，没有多问就嫁给了那个叫孙立佳的男人。

过门以后郑艳雪才发现，那个男人长得又黑又丑，满口黄牙，而且他的所谓手艺也只是顶风冒雨地修鞋而已。见到武锋的那一刻，别说爱上他了，郑艳雪心中甚至有一种上当受骗的感觉，但是她知道，自己已经没有任何退路了。

然而，就是这样一个不起眼的丑男人，却让她深切体会到了男女之间真正的爱情。

结婚之后，武锋很是宠她，不时给她买些小玩意，一个发夹，一支眉笔……有一次，甚至还给她带回了几个芒果。在以往近30年的岁月中，郑艳雪从来没有用过这些东西，更不用说吃芒果了。

在吃芒果的时候，武锋只是傻傻地看着她，自己却不吃。郑艳雪让他："你也吃。"他却皱眉："我不爱吃那东西，看你喜欢吃我就高兴。"后来，郑艳雪在街上看到卖芒果的，过去一问才知道，芒果竟要20几元一斤，她的眼睛瞬间红了起来。

那么香甜可口的东西他怎么可能不爱吃？他是舍不得吃呀、是为了让她多吃一些啊！

爱情不是一次性的物品，用完了就不能再用。那段逝去的感情或许只是宿命中的一段插曲，那个不再爱你的人应该只是宿命中的过客而已。上天对每个人都是公平的，他为你安排了一段不完美的爱情，或许只是为了了结前世的孽缘，而真正爱你的人，

一定会在不远处等着你，只要你不放弃。

其实，现实人生里，没有人是像电影小说、流行歌曲所形容的那样幸福地可以恋爱一次就成功，永远不分开的。大多数人都是经历过无数的失败挫折才可以找到一个可长相厮守的人。

所以当你失去爱情时，当你们不可能永远在一起时，你应该告诉自己："还有下一次，何必去计较呢？"无论你这次跌得多痛，也要鼓励自己，坚强起来，重拾那破碎的心，去等待你的"下一次"。

5. 感恩经历，
忘掉昨天的苦，追逐明天的福

　　你若非要计较，没有一个人、一件事能让你满意。若不是心宽似海，哪有风平浪静？人生无常，心安即是归处。对于苦难，与其问："为什么"，不如问："还有什么？"

◆ 如果没有苦难，我们不会解悟

其实，我们应该感谢苦难，因为苦难让我们懂得了真正的生活。无论这苦难来自于生活抑或是情感，请从感谢苦难开始，反省自己、恢复自己。相信，你所经历的苦难，必然会成为你日后人生路上永远感谢的对象，因为没有这些苦难，你不会解悟，不会有今天的体会。

某人前往朋友家做客，方知朋友的 3 岁儿子罹患先天性心脏病，最近动过一次手术，胸前留下一道深长的伤口。

朋友告诉他，孩子有天换衣服，从镜中看见疤痕，竟骇然而哭。

"我身上的伤口这么长！我永远不会好了。"她转述孩子的话。

孩子的敏感、早熟令他惊讶；朋友的反应则更让他动容。

朋友心酸之余，解开自己的裤子，露出当年剖腹产留下的刀口给孩子看。

"你看，妈妈身上也有一道这么长的伤口。"

"因为以前你还在妈妈的肚子里的时候生病了，没有力气出来，幸好医生把妈妈的肚子切开，把你救了出来，不然你就会死在妈妈的肚子里面。妈妈一辈子都感谢这道伤口呢!"

"同样地,你也要谢谢自己的伤口,不然你的小心脏也会死掉,那样就见不到妈妈了。"

感谢伤口!——这四个字如钟鼓声直撞心头,他不由得低下头,检视自己的伤口。

它不在身上,而在心中。

那时节,他工作屡遭挫折,加上在外独居,生活寂寞无依,更加重了情绪的沮丧、消沉,但生性自傲的他不愿示弱,便企图用光鲜的外表、强悍的言语加以抵御。

隐忍内伤的结果,终至溃烂、化脓,直至发觉自己已经开始依赖酒精来逃避现状,为了不致一败涂地,才决定举刀割除这颓败的生活,辞职搬回父母家。

如今伤势虽未再恶化,但这次失败的经历却像一道丑陋的疤痕,刻画在胸口。认输、撤退的感觉日复一日强烈,自责最后演变为自卑,使他彻底怀疑自己的能力。

好长一段时日,他蛰居家中,对未来裹足不前,迟迟不敢起步出发。

朋友让他懂得从另一方面来看待这道伤口:庆幸自己还有勇气承认失败,重新来过,并且把它当成时时警惕自己,匡正以往浮夸、矫饰作风的记号。

他要感谢朋友,更要感谢伤口!

心理学家曾经提出过"最优经验"的解释,意思是指,当一个人自觉能把体能与智力发挥到最极限的时候,就是"最优经

验"出现的时候,而通常"最优经验"都不是在顺境之中发生的,反而是在千钧一发的危机与最艰苦的时候涌现。据说,许多在集中营里大难不死的囚犯,就是因为困境激发了他们采取最优的应对策略,最终才能躲过劫难。

山中鹿之助是日本战国时代有名的豪杰,据说他时常向神明祈祷:"请赐给我七难八苦。"很多人对此举都很不理解,就去请教他。鹿之助回答说:"一个人的心志和力量,必须在经历过许多挫折后才会显现出来。所以,我希望能借各种困难险厄,来锻炼自己。"而且他还做了一首短歌,大意如下:"令人忧烦的事情,总是堆积如山,我愿尽可能地去接受考验。"

一般人对神明祈祷的内容都有所不同,有人祈祷更幸福,有人祈祷身体健康,甚或赚大钱,却没有人会祈求神明赐予更多的困难和劳苦。因此,当时的人对于鹿之助这种祈求七难八苦的行为,不给予理解,是很自然的现象,但鹿之助依然这样祈祷。他的用意是想通过种种困难来考验自己,其中也有借七难八苦来勉励自己的用意。

鹿之助的主君尼子氏,遭到毛利氏的灭亡,因此他立志消灭毛利氏,替主君报仇。但当时毛利氏的势力正如日中天,尼子氏的遗臣中胆敢和毛利氏对敌的,可说少之又少,许多人一想到这是毫无希望的战斗,就心灰意冷。可是,鹿之助还是不时勉励自己,鼓舞自己的勇气。或许就是因为这个缘故,他才会祈祷赐予七难八苦。

其实,生活的现实对于我们每个人本来都是一样的。但一经各人不同"心态"的诠释后，便代表了不同的意义，因而形成了不同的事实、环境和世界。心态改变，则事实就会改变；心中是什么，则世界就是什么。心里装着哀愁，眼里看到的就全是黑暗，抛弃已经发生的令人不痛快的事情或经历，才会迎来新心情下的乐趣。

心情的颜色会影响世界的颜色。如果一个人，对生活抱一种达观的态度，就不会稍有不如意，就自怨自艾，只看到生活中不完美的一面。在我们的身边，大部分终日苦恼的人，实际上并不是遭受了多大的不幸，而是自己的内心素质存在着某种缺陷，对生活的认识存在偏差。

事实上，生活中有很多坚强的人，即使遭受挫折，承受着来自于生活的各种各样的折磨，他们在精神上也会岿然不动。充满着欢乐与战斗精神的人们，永远不会为困难所打倒，在他们的心中始终承载着欢乐，不管是雷霆与阳光，他们都会给予同样的欢迎和珍视。

◆ 人生无常，心安即是归处

人们害怕无常，不喜欢无常带来的负面改变。但是，任何现象都是一体两面的，有白天就有黑夜，有好就有坏，有对就有

错，有生就有死，有天堂也有地狱，因此不必害怕无常，反而要勇敢地接受无常，迎接它令人欢喜的一面，也接受它使人痛苦的另一面。

生命每时每刻都在不停地消逝，然而能洞察到这一点的人却不多，洞察到能够超越的人更是微乎其微。通常，人们总是沉浸在种种短暂幻化泡沫式的欢乐中，不愿意正视这些。然而，无常本就是生命存在的痛苦事实，故生命从来就没有停止流逝。

然而生命的流逝乃至消失，又是必须面对的事实。逃避是不可能的，也无法逃避。无常的真理在事物中无时无刻不在现身说法，依恋的亲人突然间死去，熟悉的环境时有变迁，周围的人物也时有更换。享受只是暂时，拥有无法永恒。

秦皇汉武、唐宗宋祖，而今都已不在。人世间的荣耀与悲哀，到最后统统埋在土里，化作寒灰。他们活着的时候，南征北战，叱咤风云，风流占尽，转眼间失意悲伤，仰天长啸，感叹人世，瞑目长逝了，也都化成一捧寒灰，连缅怀的袅袅香烟皆无。如果生前尚能冷静地反省，一定会明晓生活在世界上是大可不必吵闹不休的。"闲云潭影空悠悠，物换星移几度秋？阁中帝子今何在？槛外长江空自流"。

春该常在，花应常开，而春来了又去了，了无踪迹；花开了又落了，花瓣也被夜里的风雨击得粉碎，混同泥尘，流得不知去处。

的确，人们每提起"人生无常"这个观念，大多认为意义是负面的，但我们是否曾从相反的角度来考虑问题——若不是有无常的存在，花儿永远不会开放，始终保持含苞的姿态，那大自然不是太无趣了吗？大自然中，当花草树木的种子悄悄地掉落大地，无常就开始包围着它们，让阳光、土和水来滋养和改变它们，不消多久，植物的种子开始生根、发芽、长叶、开花和结果，让人们惊异于生命的可贵，这是无常带来的改变，这种改变是一种喜悦。

人生的无常，为我们带来了种种经历，一份经历的洗礼，预示着多一份稳重、多一份淡定，这何尝不是好事？人生本无常，世事最难料，从容面对才是真！

◆ 老天始终是公平的，给了你艰辛就会给你幸福

生活中总有很多磨难，但只要你毫不畏惧地直面它们，就一定能够战胜它们。就像人们常说的那样："如果生活让你背起了沉重的十字架，那是因为上帝知道你能行。"

美国有个摩西婆婆，丈夫去世之后，曾一度十分痛苦，家人也不要她。她不仅没有经济来源，而且也没有房子住，生活陷入绝境。

那年她已 70 岁。70 岁的她不得不给人家打工，并在一次偶然的机会将自己的画卖了一个好价钱。于是她开始了自己的绘画

生涯。70 岁开始到她过世，摩西婆婆一共画出了 1600 幅作品，但她从来没有学过画画。

她在自传中写道："我很快乐，也很满足。我庆幸我没有逃避现实，我不知道一生中有没有比这段时间更美好的，用我的生命去完成我所能。生命是用来创造的，过去是这样，未来也是这样。"

摩西婆婆没有因丈夫的去世和生活的打击而丧失活下去的勇气。反而勇敢地接受了这个现实，悲伤之后，在画画中重新找回了生活的快乐。

70 岁的摩西婆婆在残酷的现实中证明了自己的生命价值。这样的勇气几人能有？这样的奇迹又有几个人可以写就？

人最宝贵的就是生命，生命属于每个人只有一次。一旦离开这个世界就永远不会再有这样的机会和幸运了。人有幸活在这个世上，就要勇敢地承担生活带来的磨难，也要好好地享受生活赐予的幸福。不要做逃避生活的懦夫。认真地活着，不逃避，是万事的因应之道。如此你才能真实地看出生命的全貌，否则看见的都是沙子，就像鸵鸟永不知道事情的真相！

紫霄未满月就被奶奶抱回家。奶奶含辛茹苦把她养到小学毕业，狠心的父母才从外地返家。父母重男轻女，对女儿非常刻薄。她生病时，父母反而会为难她，母亲说："我看见你就来气，你给我滚，又有河又有老鼠药又有绳子，有志气你就去死。"13 岁的小姑娘没有哭，在她幼小的心灵里，萌生了强烈的愿望——她一定要活下去，并且还要活出个人样来！

叛逆的个性正在潜滋暗长。在一个淅淅沥沥的清晨，她揣上奶奶用鸡蛋换来的干粮和卖棺材得来的路费，踏上了西去的列车。几天后，她到了新疆，见到了久违的表哥和姑妈。在新疆，她重返课堂，度过了幸福的半年时光。在姑妈的建议下，她回安徽老家办户口迁移手续。回到老家，她发现再也回不了新疆了，父母要她顶替父亲去厂里上班。

她拿起了电焊枪，那年她才 15 岁。她没有向命运低头，因为她的心中还有梦。紫霄业余苦读，通过了《写作》《现代汉语》和《文学概论》自学考试。第二年参加高考，她考取了安徽省中医学院。然而她知道因为家庭的原因无法实现自己的梦想，大学经常成为她梦里的主题。

1988 年年底，紫霄的第一篇习作被《巢湖报》采用，她看到了生命的一线曙光，她要用缪斯的笔来拯救自己。多少个不眠之夜，她用稚拙的笔饱蘸浓情，抒写自己的苦难与不幸，倾诉自己的顽强与奋争。多篇作品飞了出去，耕耘换来了收获，那些心血凝聚的稿件多数被采用，还获得了各种奖项。1989 年，她抱着自己的作品叩开了安徽省作协的大门，成了其中的一员。

紫霄毅然放弃了从父亲手里接过的"铁饭碗"，开始了艰难的求学生涯。因为她知道，仅凭自己现在的底子，远远不能成大器。她到了北京，在鲁迅文学院进修。为生计所迫，生性腼腆的她当起了报童。骄阳似火，地面晒得冒烟，紫霄挥汗如雨，怯生生地叫卖。天有不测风云，在一次过街时，飞驰而过的自行车把她撞倒了。看着肿起的像馒头一样大的脚踝，紫霄的第一个反

应是这报卖不成了。用几天卖报赚来的微薄的钱补足了欠交的学费，只休息了几天，又一次开始了半工半读的生活。命运之神垂怜她，让她结识了莫言、肖亦农、刘震云、宏甲等知名作家，有幸亲聆教诲，她感到莫大的满足。

为了节省开支，紫霄住在某空军招待所的一间堆放杂物的仓库里。晚上大部分时间，这里就成了她的"工作室"，她的灯常常亮到黎明。礼拜天，她包揽了招待所上百床被褥的浆洗活，胳膊搓肿了，腿站肿了，溅在身上的水冻成了冰碴……她全然不顾。有一次她累昏在水池旁，幸遇两位女战士把她背回去，灌了两碗姜汤，她苏醒过后一会儿，便接着去洗。她的脸上和手上有了和她年龄不相称的粗糙和裂口。

终于苦尽甘来，随文怀沙先生攻读古文、从军、写作、采访、成名，这一切似乎顺理成章，然而这一切又不平凡。她是一个坚强的女子，是一个不向困难俯首称臣的不屈的奇女子。她把困难视作生命的必修课，而她得了满分。

紫霄的成长历程艰辛而又执着，一次次的人生磨难反而让她越走越坚强。

老天始终是公平的，给了你艰辛就会给你幸福，而且，你付出的越多得到的也就越多。所以，请你相信，你身上背着的那个十字架有一天会用金光笼罩你。

◆ 何必顾影自怜，发现更坚强的自己

事业不顺、婚姻不顺、生活不顺……种种不顺一时间都让你碰上了。这时，如果你一味地顾影自怜会觉得自己是天底下最倒霉的人。于是，从此在别人面前或者内心里，你成了一个自怜并需要别人同情的可怜人，于是你变得真的可怜，而那个真实的自己就这样被掩盖起来。

如果你与生俱来的音乐天赋外加你在钢琴上下了 10 年的苦功，使你成为大众公认的音乐家了，你用你音乐的才能，赚到了进大学的费用；你在大学医科选定了外科的专业，专心研习，希望将来能成为在社会上对患者是一个良好的服务者，同时，你又热心地希望用音乐做你的副业，而对于人类也有服务的机会。然而你正在这样热心地期待着将来的事业成功的时候，你不幸地遭遇车祸，你的双手被撞坏，在你的专业与爱好上都无法发挥作用。这时候，你该怎么办呢？

倘若你除音乐的才能之外，还有演说才能，当对外科与音乐都绝望时，你日夜训练，使自己成为一个演说家、教育家。经过几年的训练和研究之后，你居然做到了，并且赚了很多钱，却在这时候，你又得了严重的胃溃疡住进了医院。经过半年多的时

间，病虽然好了，但大病初愈还须休养才能恢复。这时候，你又该怎么办呢？

以上的两个问题，都是梅森先生亲身经历的。上天既赋予了梅森先生音乐和演说的才能，同时又赋予他不屈不挠的精神，所以他虽在这两种悲惨的情形之中，却从没有过自暴自弃的念头。虽然在这两种情形之中，他也曾有过失望，这正如一个人倾尽所有投资于一家工厂，等到工厂要开工的时候，正与保险公司洽谈的过程中，忽然半夜被人唤醒，他所有的一切都在半夜的火焰里化为灰烬的情形一样。

但是，自怜是于事无补的，在这时候，他得到了在小时候曾经发生过的一件事情的帮助。他在幼小的时候，他母亲先患伤寒，继之患肺炎，最后又患脑膜炎。医院和医师的记录可以证明在医药史料之中，他的母亲所经过的昏迷状态算是时期最长久者之一。他希望母亲醒过来，认得他，可母亲一直没有知觉。有一天晚上，父亲先后请来了几位医师，都说母亲的病无望了。将近半夜的时候，他们的家庭医师告诉父亲说，母亲的生命维持不到天亮了，让父亲预备后事。他听到这悲惨的消息哭叫一声，跪在父亲的脚边，抱着他的踝骨哭了起来。他的父亲立即抱起他来，要他站着，父亲看见他站也站不住只是哭个不休，于是正色望着他，对他说道："孩子啊，这是人类不得不勇敢地站起来去对付的困难事件之一。"

梅森先生在儿童时期，父亲曾有多次对他加以体罚，想给他生活上的教训，但是，他一生所受到父亲的许多积极的教训，均不及在母亲的性命垂危的那夜所得到的。

隔了 13 年，他被汽车撞坏了双手，对于他理想中的前途完全绝望，他的心不知不觉回到了母亲临危的那夜里，竟忍不住哭了起来。但是他的耳朵里忽然听到父亲的声音："孩子啊，这是人类不得不勇敢地站起来去对付的困难事件之一。"

多少年以来，梅森先生到处演说，到处播音，他曾遇到了很多的男女老少来他这里畅谈他们的不幸和悲伤，其中有许多人说："实在没办法了，我只得预备自杀！"但是，真的没有办法了吗？事实上，不过甘心自弃罢了！掀掉这个自我怜悯的假面具你会发现：还有一个比自己想象中更坚强的自己。

◆ 如果你愿意，幸福随时都在你身边

幸福是朦胧的，看不见，摸不着，可是幸福却又是非常实在的，我们每个人都可以感受到。当我们获得某种幸福的时候，要大声说出这种美好的感受，珍惜眼前的幸福。

曾经有一位诗人，年轻、英俊，既有才华，而且非常富有，妻子貌美而温柔，但是他却认为自己过得并不快活，很不幸福。

有一位善良而热心的天使看到他，问："你不快乐吗？我能帮你吗？"

诗人对天使说："我什么都有，就是缺少一样东西，你可以给我吗？"

天使回答说："可以，你要什么我都能满足你。"

诗人直直地看着天使说："我要的是幸福。"

这下子可把天使难倒了，天使想了想，说："我明白了。"之后，天使就把诗人所拥有的都拿走了。

天使拿走了诗人的才华，毁去了他的容貌，甚至还夺去了他的财产和他妻子的性命。天使做完这些事情之后，便扬长而去了。

结果就在一个月之后，天使再一次回到诗人身边，看到诗人饿得半死，衣衫褴褛地正躺在地上挣扎。于是，天使又把他的一切还给了他，然后悄悄离去了。

半个月之后，天使再一次去看那位诗人。这一次，诗人搂着妻子，不住地向天使道谢。原因：他已经得到了幸福。故事当中的诗人在失而复得之后，才知道曾经拥有的便是幸福。可是在现实生活中，一旦失去就很难甚至可以说是不可能再回到从前的。那么，我们为何不在拥有的时候就好好珍惜呢？

孤寂、璀璨、快乐、悲伤，这些原本都是形容词，所有的形容词都是具有比较性的。没尝试过孤寂的人，那么怎么会知道何谓璀璨的人生呢？没有感受过痛的人，又怎么知道幸福是什么感觉呢？人其实是奇怪的，每每到失去的时候，才懂得珍惜。其实，幸福就在你身边。

就好像我们在肚子饿坏的时候，有一碗热腾腾的面条放在你的眼前，这就是幸福；劳累了一天，回家扑在软软的床上，这也是幸福；痛哭的时候，有人能够温柔地递上一张纸巾，这更是幸福……

让我们放眼自己的身边，其实幸福是无处不在的，但是我们却很少去发现它、感受它。

在生活当中，经常发现有的人看着别人的生活样样都好，自己的幸福却少得可怜。于是，他们就渐渐忽略了自己原本已经拥有的幸福，而且总是抱怨自己幸福怎么那么少。

其实，在日出日落的更替中，幸福是无处不在的：伴着黄昏的余晖，能够与朋友在一起漫步，并且亲切地交流，在都市闪烁的霓虹灯下，回味着自己生活当中的一些酸甜苦辣，这个时候的你，其实就是幸福的！

在很多时候，拥有一个和睦而温馨的家庭，拥有一个康健的体魄，拥有健康的双亲，其实你现在就是幸福的！

我们珍惜眼前的一切，千万不要自寻烦恼地去渴望那不切实际的东西。学会发现幸福，学会珍惜幸福，幸福才可能永远环绕在你的身边，这就好像生活中的阳光、空气和水。

生活中，以平常人的心态去看待我们人生的所有不如意，并且我们要明白，人生最重要的是生命延续的过程，走好我们要走的每一步，即使走得非常艰难，但是只要坚持下来了，你就是幸福的！

◆ 凡事皆往好处看，苦中学会找乐子

生活给予每个人的快乐大致上是没有差别的：人虽然有贫富之分，然而富人的快乐绝不比穷人多；人生有名望高低之分，然而那些名人却并不比一般人快乐到哪去。人生各有各的苦恼，各有各的快乐，只是看我们能够发现快乐，还是发现烦恼罢了。

一位哲学家不小心掉进了水里，被救上岸后，他说出的第一句话是：呼吸空气是一件多么幸福的事情。空气，我们看不到，日常生活中也很少意识到，但失去了它，你才发现，它对我们是多么重要。据说后来那位哲学家活了整整 100 岁，临终前，他微笑着、平静地重复那句话："呼吸是一件幸福的事。"言外之意，活着是一件幸福的事。

生活中的快乐无处不在，而在于如何去体会，倘若用心体会便不难感受。生活的幸福是对生命的热情，为自己的快乐而存在，在那些看似无法逾越的苦难面前，依然能够仰望苍穹，快乐便会永远伴随左右。

某人是个十足的乐天派，同事、朋友几乎没见他发过愁。大家对此大感不解，若以家境、工作来论，他都算不上好，为什么却总是一脸的快乐呢？

一位同事按捺不住好奇，问道："如果你丢失了所有朋友，你还会快乐吗？"

"当然，幸亏我丢失的是朋友，而不是我自己。"

"那么，假如你妻子病了，你还会快乐吗？"

"当然，幸亏她只是生病，不是离我而去。"

"再假设她要离你而去呢？"

"我会告诉自己，幸亏只有一个老婆，而不是多个。"

同事大笑："如果你遇到强盗，还被打了一顿，你还笑得出来吗？"

"当然，幸亏只是打我一顿，而没有杀我。"

"如果理发师不小心刮掉了你的眉毛？……"

"我会很庆幸，幸亏我是在理发，而不是在做手术。"

同事不再发问，因为他已经找到该人快乐的根源——他一直在用"幸亏"驱赶烦恼。

乐观的人无论遭遇何种困难，总是会为自己找到快乐的理由，在他们看来，没什么事情值得自己悲伤凄戚，因为还有比这更糟的，至少"我"不是最倒霉的那一个。相反，悲观的人则显得极度脆弱，哪怕是芝麻绿豆大的小事，也会令他们长吁短叹，怨天尤人，所以他们很难品尝到快乐的滋味。

其实，任何事情，有其糟糕的一面，就必有其值得庆幸的一面，如果你能将目光放在"好"的一面上，那么，无论遇到何种困难，你都能够坦然以对。

只要你愿意，你就会在生活中发现和找到快乐——痛苦往往

是不请自来，而快乐和幸福往往需要人们去发现，去寻找。

很显然，如果我们不能用心去体会生活中的那部分快乐，同样，如果缺乏珍惜之心也很难意识到快乐的所在，有时甚至连正在历经的快乐都会失去。正如一位哲学家曾说过的：快乐就像一个被一群孩子追逐的足球，当他们追上它时，却又一脚将它踢到更远的地方，然后再拼命地奔跑、寻觅。

人们都追求快乐，但快乐不是靠一些表面的形式来获得或者判定的，快乐其实来源于每个人的心底。

生活中的情趣是靠心灵去体会的。去掉繁杂，我们的心会更简单，得到更多的快乐。生命短暂，找到自己的快乐才是本质，用心去体会生活，你做得到吗？

痛苦和烦恼是噬咬心灵的魔鬼，如果你不用快乐将它们驱赶出去，必然会受其所害。当遭遇不幸之时，我们不妨多对自己说几个"幸亏"，情况一定会有所好转。

◆ 逆风顺风，自在飞扬

其实，我们本就很平常——平常的人、平常的生命、过着平常的生活，只是有些时候，我们的心"不平常"了，我们刻意去追求一些虚无的东西，或者说我们把一些无谓的东西看得过重，于是我们开始忧喜交加、若疯若狂。这会让我们的身与心承载过大的负荷，所以多数时候，我们活得很累。而那些悟透人生真谛的人，他们就不会这样，他们总是把心放在平常处，不以物喜，也不以己悲，所以他们活得总是那么恬然。

居里夫人曾两度获得诺贝尔奖，她的人生态度是怎样的呢？——得奖出名之后，她照样钻进实验室里，埋头苦干，而把象征成功和荣誉的金质奖章给小女儿当玩具。一些客人眼见此景非常惊讶，而居里夫人却淡然地笑了，她说："我要让孩子们从小就知道，荣誉就像玩具一样，只能玩玩罢了，绝不能永远地守着它，否则你将一事无成。"

多么精辟的一句话，不管是荣誉还是其他，你若是把它看得太重，一心想着它、念着它，对它的期望过高，那么心就一定会乱。于是出点成绩便沾沾自喜、扬扬自得，受了挫折就垂头丧气、哭天抢地，试想在这样的状态下，我们又怎能安下心做事？所以说，人还是随性一些好，让心中多一点得失随缘的修为，这样，纵使身处逆境，依然能够从容自若，以超然的心情看待苦乐年华，以平常的心情面对一切荣辱，也就是人们常说的荣辱不惊。

人生在世，生活中有褒有贬，有毁有誉，有荣有辱，这是人生的寻常际遇，不足为奇。但我们对于这些事情的态度却需要有所注意。有一些人，面对从天而降的灾难，处之泰然，总能使平常和开朗永驻心中；也有一些人面对突变而方寸大乱，甚至一蹶不振，从此浑浑噩噩。为什么受到同样的心理刺激，不同的

人会产生如此大的反差呢？原因在于能否保持一颗平常心，荣辱不惊。

著名女作家冰心曾亲笔写下这样一句话："有了爱就有了一切。"看到这句话，不禁让人感到一种身心的净化，受到一种圣洁灵魂的感染。在冰心的身上，永远看到的是一个人生命力的旺盛，看到的是一颗跳动了近百年的、在思考、在奋斗的年轻、从容的心。冰心在老了之后，尽管行动不便，仍坚持每早起床就大量阅报读刊，了解文坛动态，然后就握笔为文，小说、散文、杂文、自传、评论、序跋，无所不写。

成功时不心花怒放，莺歌燕舞，纵情狂笑；失败时也绝不愁眉紧锁，茶饭不思，夜不能寐——这就是平常心，人心平常，便可超脱物外，故达观者宠亦泰然，辱亦淡然。

事实上，只要想明了、悟透了，每个人都做得到。我们根本不需要在意外界带来的刺激，就算现在身份卑微，也不必愁眉苦脸，完全可以快乐地抬着头，尽情享受阳光。就算我们没有骄人的学历，也不必怨天尤人，乔布斯一样没读完大学；当我们出入豪华场所，也不必为自己过时的衣着而羞愧，遇见大款老板、高官名人，也无须点头哈腰，不妨礼貌地与他们点头微笑。我们根本不必去羡慕别人如何如何，只要带着平和的心态，尽所能经营自己的人生价值，我们的人生就是坚实厚重的。

◆ 今天你的卑微，正是你明天努力的动力

诺贝尔物理学奖得住威廉·亨利·布拉格发迹之前家境很是贫穷，他没有一个有钱的老子，他的父母甚至很久都不能给他添置一件新衣，而他所在的威廉皇家学院多是衣着考究的富家子弟，唯有他，一袭破旧衣衫、一双极大、极不合脚的旧皮鞋。

布拉格这身"时髦装扮"在皇家学院显得极不协调，当时，一些纨绔子弟不但对他冷嘲热讽，甚至向学监告布拉格的状，诬蔑他的旧皮鞋是偷来的。为了这个，学监将布拉格叫到办公室，双眼紧紧盯着那双旧皮鞋。天资聪慧的布拉格马上领悟到了什么，他颤抖着将一张纸交给学监。这是布拉格父亲寄来的家信，上面写有这样几句话："孩子，非常抱歉，但愿再过两年，我那双旧皮鞋穿在你的脚上就不会再嫌大……我一直这样想着：若是有朝一日你有了成就，我将感到非常荣耀，因为我的儿子正是穿着我的旧皮鞋奋斗成功的……"

看到这里，学监紧紧握住布拉格的手，满怀感慨地说道："孩子，对不起，是我误解了你！你的家庭虽然贫穷，你的父亲虽然没钱，但他有一颗对你充满期望的心。希望你不要辜负他，我会尽我所能去帮助你。"

此时，布拉格再也控制不住自己的情绪，两行热泪顺颊而下。曾几何时，他也抱怨过贫穷，也为之沮丧过，但父亲的谆谆教导……此时又有了学监的热心帮助。是的，绝不能辜负这些对自己充满期望的人，从此他愈发努力起来。

布拉格在24岁的时候，就成为数学兼物理学教授，而后又在放射线研究等领域获得了巨大成就。成名后的布拉格一直对穿旧皮鞋的经历"耿耿于怀"，他时常告诫自己的儿子威廉·劳伦斯·布拉格：饮水思源，不要忘记长辈的贫穷。

受此熏陶，小布拉格与父亲一样，年仅24岁就取得了不错的成绩，成为剑桥研究院院士。更让人惊叹的是，后来，父子二人竟同时摘得了诺贝尔物理学奖。

像布拉格一样，并不是每一个显耀的人，都有一个显耀的家世。父母只负责赐予你生命，他们让你的生命在人类历史上已经有了记载，但接下来能不能把这段历史书写得绚丽，甚至成为传奇，那就全在你自己。你要活着，就应该把自己的思想与生存的时代融合在一起，让自己的身影构成世界上一道独特的风景，让自己的声音伴随着自然的风风雨雨留下了不可磨灭的痕迹。无论什么时候，你都不能看低你自己。看低自己，是对父母的侮辱，是对生命的亵渎，是你自找的羞辱。

其实只要你愿意，太阳就会注视着你，月亮就会呵护着你。你完全可以"自恋"一些，就当那和煦的春风是为你而来，就当那五彩缤纷的鲜花是为你而开，就当那青青河边草是在为你的诗增添意境，就当那高山流水是在见证你生活的足迹，就当那自在漂流的白云是你忠实的幸福信使。这个世界，有一千个、一万个理由让你不要轻贱自己。

就算你现在的生活有点卑微，但那也只是就一时的境遇而言，绝不会是人格上的卑微，除非你甘愿自暴自弃。人生，有无数种开始的可能，同样也有无数种可能的结果，今天的强者，曾几何时未必不是个弱者，由弱到强的转变，靠的就是心中始终憋着的那口真气——那口不愿低人一等、不愿随波逐流的人生志气。而积聚起这口真气的关键就在于，他们自始自终没有低看过自己。

◆ 把苦难夹在面包里，就有另一番味道

消极的人多抱怨，积极的人多希望。消极的人等待着生活的安排，积极的人主动安排、改变生活。积极的思想是快乐的起点，它能激发你的潜能，愉快地接受意想不到的任务，悦纳意想不到的变化，宽容意想不到的冒犯，做好想做又不敢做的事，获得他人所企望的发展机遇，你自然也就会超越他人。

1930 年 3 月，正是春寒料峭的季节，美国田纳西州的一个街道上，一个四十多岁的中年人，正挣扎在饥饿的边缘。

在此之前，他是一位出色的售货员，曾经为田纳西的无数

个商店经销过商品，他的营销策略为他们带来了巨大的商机和利润，但好景不长，一次不好的时运，葬送了他的营销之路。

现在，他孑然一身，一贫如洗，他曾经想着去找那些自己帮助过的人，但他们一定会拒绝的，他们无法接受他的贫穷。毕竟不是昨天啦，世态炎凉，说得一点没错呀。

正当他走投无路时，他发现一家小餐厅的外面挂着招聘广告，他们这里要招收厨师，但薪金却低得可怜，一年的工资还不如自己以前一个月的多，在饥寒交迫面前，他放弃了理想和自大的念头，他推看那扇原本虚掩的门，开始了一种新的生活。

他的任务是烹制鸡块，这是他以前从未做过的行业，但做起来其实也很简单，他只需要按照人家的配料把鸡块扔进锅里煮，然后把它捞出来，整个过程就这么简单。

和他在一起的有三个人，他们一个个懒得要命，见到有生人来，便将全部的工作变本加厉地给了他，他本想发作，但想到自己刚来，本来就应该多做一些，便忍气吞声地埋头苦干。

几个流程下来，他竟然掌握了煮鸡的整个过程，他觉得这种做法是有问题的，他曾经尝过用这种方法制作成的鸡块，没有一点香味，这直接导致了这家生意的惨淡。

他给老板提建议，提出应该改善一下配方，多加一些香料或者其它调料，老板没听进去，告诉他：你的职责是制作鸡块，这些不是你考虑的，不要多管闲事，我这里可是祖传秘方，不会有错的。

他的好意换来了一顿谩骂，他气愤交加，本想扬长而去，但一种钻研的思想还是使他留了下来，灵光闪现的瞬间，他似乎找到了一条属于自己的奋斗之路。

在工作中，他利用别人休息的时间到厨房里钻研，并且在鸡块上试着加一些其它的香料。

一天，他无意中将一块鸡腿掉进了正在加热的油里，感到万分紧张，因为老板说过油是不能够随便浪费的，一旦发现就要被罚款或者扣掉工资，幸亏没人发现，他赶紧拿出了鸡块，但扔了可惜，他便将它扔进嘴里，一个奇迹出现了，他感觉无意中炸出的鸡块香辣可口，他觉得成功在向自己招手。

经过无数次的研制，1932 年的 6 月，在他的家乡，离田纳西州不远的肯德基州，这位中年人推出了一种新型的快餐食品——炸鸡，很快，这种食品适应了人们快节奏高效率的生活方式，开张不到一年，它的声誉便传遍了整个肯德基州。

为了增加营业范围，这位年轻人又扩大了经营渠道，他将人人喜欢吃的面包和炸鸡融合在一起，不仅满足了人们喜欢甜食的需求，而且还可以调适人们的趣好，真可谓一箭双雕。

现在，肯德基已经遍布全球 80 多个国家，目前拥有超过9600 家连锁店，在这个地球上，几乎每天都有一家肯德基店开张。

这位中年人，就是肯德基的创始人桑德斯上校，说起自己晚来的成功，他只说了一句话：我相信苦难，因为苦难是一种人人敬而远之的味道，但我喜欢将它夹在面包里慢慢品尝。

角度不同，对问题的看法各有所异，有人积极，有人消极。

消极思维者只看坏的一面，对事物总能找到消极的解释，最终他们也将得到消极的结果。而积极思维者却更愿意从好的方面考虑问题，并通过自己的努力，得到一个积极的结果。所有这一切正如叔本华所言："事物的本身并不影响人，人们是受到对事物看法的影响！"

悲观的人永远都是想到自己只剩下百万元而担忧，乐观的人却永远为自己还剩下一万元而庆幸。面对金黄的晚霞映红半边天的情景，有人叹息："夕阳无限好，只是近黄昏。"也有人想到的却是："莫道桑榆晚，晚霞尚满天。"面对半杯饮料，有人遗憾地说："可惜只有半杯了。"有人庆幸地说："尚好，还有半杯可饮。"不同的人对同一件事有不同的心情，就因为对其有不同的想法，结果当然也会大相径庭。

我们每个人都有自己的生活，都有选择精彩人生的机会，关键在于你的想法是否总是朝向积极的一面。凡事往好处想，就会觉得人生快乐无比。人生没有绝对的苦乐，只要凡事肯向好处想，自然能够转苦为乐、转难为易、转危为安。海伦·凯勒说："面对阳光，你就会看不到阴影。"积极的人生观，就是心里的阳光！

辑三

常怀感恩，退一步海阔天空

6. 请原谅曾经伤害我们的人

你无时无刻不在想着对方的存在，你牵挂着何时才能给对方同样的伤害。但你心里备受煎熬时，对方并不知道，他也没有因此受到妨碍。

◆ 夫宽以容物，物必归

谛语说："月过十五光明少，人到中年万事和。"其中，"和"字的确意味深长，它能容事容人，故可致乐致祥。人生本不必过于苛人苛己，得宽容处且宽容，何苦双眉拧成绳，与人斤斤计较让自己不开心呢。宽容不仅是人与人之间交往的一种艺术，也是立身的一种态度，更是一种人格的涵养。

古人云："夫宽以容物，物必归焉；克核太精，则鄙吝心生而不自觉也。故大人荡然放物于自得之扬，不苦人之能，不竭人之观，故四海之交全矣。"中国人自古就以恕仇为美德，故有"将相顶头堪走马，公侯肚里好撑船"的格言。西方哲人也说："世界上最大的是海洋，比海洋大的是天空，比天空大的是人的胸怀。"可见以肚量襟怀喻人之宽容，颂人之品格气度，中外皆然。

有人问儒家圣人孔子："以德报怨，何如？"孔子说："何以报德？以直报怨，以德报德。"儒家教诲人们宽以待人，表面上像是为人，实质上有利己色彩。儒家以仁爱求得人际的和睦相处，其实这种仁是以利己为目的的。比如说子张问："何以为仁耳？"孔子答曰："能行五者于天下为仁矣。"五者"恭、宽、信、敏、惠。

恭则不侮，宽则得众，信则人任焉，敏则有功，惠足以使人。"孔子坦言，其旨在利己役人昭然若揭。宽则得众，因而欲得众者必须宽厚。领导者最欲得众，故领导者最能显得宽。翻开历史古籍一看便知，凡是有所成就的领导，无不具备宽容的气度。

◆ 淡忘仇恨，同时也是解放自己

有时我们真的很无辜，我们并没有做错什么，却成了可怜的受害者。对于这些，你是否充满怨恨？你心里是否念叨着一定要报复？如果是这样，请趁早打消这个念头，因为这对我们而言没有任何好处。

仇恨这东西会影响我们的健康。有一句话是这样说的："宽恕那些伤害过你的人，不是为了显示你的宽宏大度，而首先是为了你的健康，如果仇恨成了你的生活方式，那你就选择了最糟糕的生活状态。"事实的确如此，而且已经引起了人们的注意。近几年，世界医学领域兴起一门新学科，叫"宽恕学"。它从养生的角度出发，对宽恕心态与自身健康的联系进行了多方面研究。结果表明，人如果一直处于"不宽恕"状态中，身心就会遭受巨大压力，其中包括苦恼、愤怒、敌意、不满、仇恨和恐惧，以及强烈的自卑、压抑等，这会直接导致我们产生不良生理反应，如

血压升高和激素紊乱，从而引起心血管疾病和免疫功能减退，甚至可能会伤害神经功能和记忆力。而宽恕，显然能让这些压力得到有效的缓解。虽然我们目前还不知道宽恕具体是如何调理身心健康的，但毋庸置疑，它的确会让我们更快乐、更放松。

再者，心怀仇恨，很容易让我们做出糊涂事来。当我们的所思所想都围绕仇恨进行时，我们就无法再对复杂多变的形势做出准确的判断。所以有人说，一个被仇恨左右的人一定是不成熟的人。因为聪明的人一定会懂得在选择、判断时，摒除外界因素的干扰，采取理智的做法。

三国时，曹操历经艰险，在平定了青州黄巾军后，实力增加，声势大振，有了一块稳定的根据地，于是他派人去接自己的父亲曹嵩。曹嵩带着一家老小40余人途经徐州时，徐州太守陶谦出于一片好心，同时也想借此机会结纳曹操，便亲自出境迎接曹嵩一家，并大设宴席热情招待，连续两日。一般来说，事情办到这种地步就比较到位了，但陶谦还嫌不够，他还要派500士卒护送曹嵩一家。这样一来，好心却办了坏事。护送的这批人原本是黄巾军余党，他们只是勉强归顺了陶谦，而陶谦并未给他们任何好处。如今他们看见曹家装载财宝的车辆无数，便起了歹心，半夜杀了曹嵩一家，抢光了所有财产跑掉了。曹操听说之后，咬牙切齿道："陶谦放纵士兵杀死我父亲，此仇不共戴天！我要尽起大军，血洗徐州。"

随后，曹操亲统大军，浩浩荡荡杀向徐州，所过之处无论男女老少，鸡犬不留。吓得陶谦几欲自裁，以谢罪曹公，以救黎民于水火。然而，事情却突然发生了骤变，吕布率兵攻破了兖州，占领了濮阳。怎么办？这边父仇未报，那边又起战事！如果曹操此时被复仇的想法所左右，那么，他一定看不出事情的发展趋势，也察觉不出情况的危急。但曹操毕竟是曹操，他是一个十分冷静沉着的人，也是一个非常会控制自己情绪的人。正因如此，他立刻分析出了情况的严重性——"兖州失去了，就等于断了我们的归路，不可不早做打算。"于是，曹操便放弃了复仇的计划，拔寨退兵，去收复兖州了。

同是三国枭雄，反观刘备，只因义弟关羽死于东吴之手，便不顾诸葛亮、赵云等人的劝阻，一意孤行，杀向东吴。最终仇未得报，又被陆逊一把火烧了七百里连营，自感无颜再见蜀中众臣，郁郁死于白帝城，从此西蜀一蹶不振。

仇恨其实就是潜伏在我们心中的火种，如果不设法将它熄灭，那么肯定会烧伤我们自己。而且，有时即便我们把自己烧成了灰，对方依旧可能毫发无损。这种蠢事我们还要不要做？

当然，纵然是伟人在遭受重大伤害之时，心中肯定也免不了要燃起一股仇恨的火焰，不同的是，他们懂得控制仇恨，而我们大多数人则是被仇恨所控制。

其实我们淡忘仇恨，同时也是解放了自己，与其因为愤恨而耗尽自己一生的精力，时时记着那些伤害我们的人和事，被回忆和仇恨所折磨，还不如淡忘它们，把自己的心灵从禁锢中解脱出来。遇事但凡有这个念头在，我们的人生势必会少为烦恼所牵绊，我们的心灵自然会智慧、轻松许多。

◆ 以爱对恨，恨自然消失

　　所谓"宽以待人"就是善意地对待别人的不足和缺点。因为无论再怎么看起来完美的人身上，都有至少一两个缺点，有的缺点甚至在别人看来难以接受。明朝有位学者说过这样的话："人有不及者，不可以己能病之。"也就是说，看到别人的缺点、不如自己的地方，不能因为自己这一点比别人强，就自视过人甚至看不起对方。

　　每个人都会犯错，包括自己，可是我们往往能很快原谅自己，却无法原谅别人。这种原谅自己却不原谅别人的行为是软弱的表现，因为你只敢面对自己的过错，却无法面对别人的。每个人都有犯错的时候，有的错误还是无意间造成的，是无心的。如果换个角度想想，你是那个犯错的人，是不是希望你"得罪"的那个人能原谅你？如果对方原谅你，你的心情又是怎样的？对人要有宽容之心，有的时候对方的做法可能不是有心的，是无意的冲动行为。知道他不是有心的，就不要把这件事再放在心里，而应该忘了它。

　　一次战争中，某部队与敌军在森林中相遇，一番激战过后，两名士兵与所在部队失去了联系，而且他们还是来自同一城市的老乡。

二人在大森林中迷失了方向，他们艰难地走着，不断地互相鼓励、互相安慰。七八天过去了，他们仍未走出森林，找到部队。这一天，二人猎获了一只狍子，靠着这份保障，他们又苦熬过了数日。或许是战争的烟火惊扰了森林中的动物们，使它们逃向了别处，此后二人再没猎过任何大型的动物，只能以一些松鼠、鸟雀充饥。

破船更遇打头风，这一天，二人再次与敌人相遇，一阵交锋过后，他们巧妙地避开了敌人追击，但是——子弹已然所剩无几，每人身上也只剩下了一些松鸭肉。就在他们自以为已经安全时，突然"砰"地一声，走在前面的士兵中弹倒地。所幸"敌人"的枪法不准，这一枪打在了肩头上！后面的士兵慌忙跑上前去，他的身子在发抖，他语无伦次，抱着战友痛哭不已。随后，他颤抖着帮战友取出子弹，并将自己的军装撕碎，帮他包好伤口。

当晚，未受伤的士兵发起了高烧，迷迷糊糊中他一直喊着自己母亲的名字。这时，二人都以为自己将命丧于此，他们甚至不相信自己能熬过这一夜，但尽管这样，他们谁也没有去吃自己身上的松鸭肉。第二天，部队找到了他们……

40年后，已入古稀之年的老士兵坦言："我知道当时是谁向我开的那一枪，他就是与我共患难的战友！——当他抱住我时，我感到了枪管的灼热。我无论如何也想不明白，他为什么要打出这一枪。但事实上，当晚我就原谅了他，因为我听到他在大叫自己母亲的名字。我恍然大悟，他是想要我身上的松鸭肉，他是想

为自己的母亲活下来，这难道不值得原谅吗？此后30年，我一直装作一无所知。可惜的是，他母亲还是没有等到他回来便离世了。那天，我们一起去祭拜老人家，他在墓前跪了下来，要我宽恕他，我打断了他的话，没有让他继续说下去，这样我们又做了10年的朋友。"

即使一个非常宽容的人，也往往很难容忍别人对自己的恶意诽谤和致命的伤害。但唯有以德报怨，把伤害留给自己，才能赢得一个充满温馨的世界。

面对那些无意的伤害，宽容对方会让对方觉得你心胸的博大，可以消除无心人对你造成伤害后的紧张，可以很快愈合你们之间不愉快的创伤。而面对那些故意的伤害，你博大的心胸会让对方无地自容，因为宽容对方体现出的则是一种境界。宽容是对怀有恶意者最有效的回击，不管别人有意还是无意伤害了你，其实他的内心也会感到不安和内疚，或许是因为碍于所谓的"面子"而不肯认错，而你的宽容就会使彼此获得更多的理解、认同和信任。自己也有犯错的时候，并会因为犯错觉得担心，不知所措，希望对方能原谅自己，同时也会对自己的缺点忐忑，不希望被别人看不起。所以，就要站在对方的角度考虑，当自己遇到不原谅别人错误的人会怎么想。

事事计较是不会有什么结果的，已经发生了的事情不会有任何改变，也不能扭转任何已经发生了的事情。以宽容的态度待人，以理解作为基础，站在客观的角度给人评价，可以从别人身上学到自己所没有的长处和优点，也能使自己对对方的不足给予善意的充分理解。在日常生活中，时不时都会有如何要求别人的时候，还有如何对待自己的问题。能否把握好一个律己和待人的态度，不仅能充分反映出一个人的修养，还能培养与人之间的良好关系。

在一次为战功彪炳的将军举办的鸡尾酒会上，一位年轻的士兵被选出来，专门为将军服务。音乐响起，这位士兵开始斟酒，但因敬畏和过度的紧张，反而不小心把酒洒到了将军那光秃秃的头上。

一时间，整个酒会上的气氛立刻僵住了，士兵更是不知所措，其他的军官忍不住发怒嘀咕："这个糟糕的家伙，明天肯定会被关禁闭。"

只见将军拿起餐巾，擦着秃头，笑着对大家说："各位！这位老弟实在用心，只是这种疗法，就可使我长出头发来吗？"

话一说完，全场爆笑，只有那个脸色发白的士兵，含着热泪，满怀感激，傻傻地注视着将军。

唯宽可以容人，唯厚可以载物；有容乃大，不容无物。几句风趣话，多少宽容心。这位将军的伟大，显然不是战功，而是大度。

当犯错的人是你自己的时候，都渴望得到别人的谅解，得到别人的支持。同样地，当你面对的是一个犯错的人时，对方也抱着这样的心情。所以，打开你心里的那扇窗户吧！你会发现，当你对别人表示宽容的同时，也会得到同样的回报，而你的朋友会越来越多。

◆ 不经意的冒犯，不要念念不忘

谁没有与人发生过矛盾？谁没有受过丝毫委屈？智者的聪明之处在于，他们绝不会将仇恨深刻于心，让它无时无刻地折磨自己。他们知道，唯有"相逢一笑泯恩仇"的豁达与宽容，才是让自己快乐的法宝。

所谓"我有功于人不可念，而过则不可不念；人有恩于我不可忘，而怨则不可不忘。"感恩是华夏民族传承了几千年的传统美德，从"滴水之恩，涌泉相报"到"衔环结草，以谢恩泽"，以及我们常言的"乌鸦反哺，羔羊跪乳"，"感恩"在国人心中有着深厚的文化底蕴，滋养了一代又一代人。

感恩是一种境界，是一种生活态度，是一项处世哲学，更是一种人生智慧。学会感恩，这是做人的基本。感恩不是单纯的知恩图报，而是要求我们摒弃狭隘，追求健全的人格。做人，应常怀感恩之心，记住别人对我们的恩惠，洗去我们对别人的怨恨，唯有如此，我们才能在人生的旅程中自由翱翔。

一个有修养的人不同于常人之处，首先在于他的恩怨观是以恕人克己为前提的。为人不可斤斤计较，少想别人的不足、别人待我的不是；别人于我有恩应时刻记取于心。人人都这样想，人际就和谐了，世界就太平了。用现在的话讲，多看别人的长处，多记别人的好处，矛盾就化解了。

◆ 即便是对手，也可以成为我们的良师益友

一直以来，人们的欣赏、喝彩多是送给亲人、朋友或是英雄的，很少有人能够为对手发出由衷的赞叹。当然，这似乎也在情理之中，因为能够做到如此大度的人毕竟只是少数。但是，如果我们做到了，就一定会赢得众人的尊重，我们的人格亦会随之进入一个更高的层次。懂得欣赏，成就别人，事实上也就成就了我们自己。

可能有些朋友对此并不理解——成就别人于我们而言又有何受益？这个道理一说就明——无论是在学业还是事业上，若希望有所成就，"良师益友"都是我们必不可少的助力。然而，如果我们的心太过狭小，总是害怕被别人超越，带着敌视的目光去看人，那么，"良师益友"就算站在我们面前，我们也会视而不见，反而是想着怎样把"对手"排挤开去；相反，如果说我们能把心放宽一些，摘下"敌视"的有色眼镜，那么即便是对手也可以成为我们的"良师益友"。

这一点，生活中很多事实已经为我们做出了证明。

迈克尔·乔丹，我们都知道——篮球之神，他的伟大不仅仅在于精湛的球技，更重要的是他对世界篮球的影响，甚至可以说正是他将 NBA 推向了世界。这样的一个人，在联盟和球队中的地位自然无人可及，鲜有人敢去挑战他的地位。

不过，有人并不这样想。当时，年轻的皮蓬是队里最有希望超越乔丹的新秀。年轻气盛的皮蓬有着极强的好胜心，对于乔丹这位领先于自己的前辈，他常常流露出一种不屑一顾的神情，还经常对别人说乔丹哪里不如自己，自己一定会把乔丹击败一类的话。但乔丹没有把皮蓬当作潜在的威胁而排挤他，反而对皮蓬处处加以鼓励。

有一次，乔丹对皮蓬说："你觉得咱俩的三分球谁投得好？"

皮蓬不明白他的意思，就说："你明知故问，当然是你。"

因为那时乔丹的三分球成功率是 28.6％，而皮蓬是 26.4％。但乔丹微笑着纠正："不，是你！你投三分球的动作规范、流畅，很有天赋，以后一定会投得更好。而我投三分球还有很多弱点，你看，我扣篮多用右手，而且要习惯地用左手帮一下。可是你左右手都行。所以你的进步空间比我更大。"

这一细节连皮蓬自己都不知道。他被乔丹的大度给感动了，渐渐改变了自己对乔丹的看法。虽然仍然把乔丹当作竞争对手，但是更多的是抱着一种学习的态度去尊重他。

一年后的一场 NBA 决赛中，皮蓬独得 33 分 (超过乔丹 3 分)，成为公牛队中比赛得分首次超过乔丹的球员。比赛结束后，乔丹与皮蓬紧紧拥抱着，两人泪光闪闪……

很显然，正是乔丹这种"甘为竞争对手喝彩"的无私品质，为公牛队注入了难以击破的凝聚力，从而使公牛王朝创造了一个又一个神话。当然，这也成功地将乔丹推上了世界篮球之巅。

生活中，可以称之为我们对手的人有很多，他可能是与你竞争某一名额的同学，可能是与你竞争某一职位的同事，也可能是你生意场上的博弈者，等等，不一而足。对于这些人，我们不应抱有一味敌视的态度，这会把我们的心态扭曲，由此眼里、心里就只有争斗，容不下其他。这很不好，就像前文所说的那样，这会令我们感受不到快乐。而且事实上，抱有这种心态的人也很难获得真正意义上的成功，即便你不择手段达到了目的，相信也不会有人为你喝彩。

正确的心态应该是这样的：我们应该把对手当成前进的动力；当成懈怠之时激我们奋进的良朋；当成成功之时令我们不敢忘形的警钟。若能这样想，你就会感谢你的对手，当然，更重要的是，我们应该学会欣赏对手的长处，取人之长补己之短，并真心实意地为对手喝彩。

大家不要以为这是在高谈阔论，事实上，有多少人因为"没有对手"，进而狂妄自大、不思进取，最终被淹没在历史的尘流之中！这样的教训还少吗？——西楚霸王项羽，力拔山、气盖世，统众诸侯，睥睨天下，莫与争锋，终因不听谋士言，小觑刘邦，落得个乌江自刎的下场；世界重量级拳王泰森，职业生涯击败过无数对手，却为鲜花和掌声所麻痹，最终身陷囹圄。他们的失败，只能说是败给了自己，因为在他们眼中，已然再没有

对手。

他们的教训我们应该吸取，他们的心态我们不能再重复。所以朋友们，不要再仇视我们的对手，因为没有对手，我们将很容易在狂妄中迷失、在自满中堕落。退一步说，假如没有对手，我们的成功又有什么值得欣慰？它还会令我们如此兴奋吗？

对手于我们而言，是风、是雨，虽然会带给我们些许痛苦，但风雨过后，多是绚丽的彩虹！对手于我们而言，是敌、是师、亦是友，没有他，就没有我们的彩虹！因为是对手成就了我们的另一只手，即我们成功的援助之手！所以，请为我们的对手喝彩，即便只是一个拥抱、一次握手、一段言语、一个眼神……相信都会给我们带来另一种光彩。

◆ 成人之美，不成人之恶

在中国几千年的历史文化中，成人之美俨然已经成为有德之人倍加推崇的一项做人准则，故孔子说："君子帮助别人成全好事，不帮助别人成全坏事，小人却正好相反。"在古代的君子们看来，"美事"未必非我不可，成他人之美亦是成我之美，而"成人之恶"则是一种罪大恶极的行为，誓为君子所不容。

君子之所以能够成人之美，是因为他们有着与人为善的宽阔胸怀，把别人的成功当成自己的成功，把别人的快乐当成自己的快乐。不成人之恶，是因为君子爱人以德，不愿看到别人受难遭殃，不愿看到别人落水翻船的不幸。而小人就不这样，总是喜欢成人之恶，不愿成人之美。比如别人落水，他就高兴；别人成功、快乐，他就满肚子的忌妒、怨恨，甚至背后搞小动作，造谣中伤，这种君子和小人截然不同的分别，归结到一点，就是心态和思想境界的不同。

所谓君子成人之美，就是真正的有德之人，行事并不拘泥于世俗的条条框框，只要是有好结果的事情，他都会去竭力促成。这样的人，在人格得到升华的同时，亦会获得意想不到的收获。

唐朝时期，有一才子名叫谢原，其人擅词赋，犹以歌词见长，所作歌词广泛流传于民间。

有一年，谢原应张穆王之邀，前去做客。席间，张穆王命小妾谈氏隔帘弹唱，事有凑巧，谈氏所唱之曲，正是谢原的一首竹枝词。张穆王见谢原听得如痴如醉，便将谈氏请出与之相见。

谢原见谈氏风华绝代，又对自己的词作甚为推崇，遂心生爱慕之情。于是，他起身说道："能闻夫人弹唱拙词，在下不胜荣幸，但夫人所唱之词，实为在下粗浅之作，恐辱没夫人。我当竭心再作几首好词，以备府上之需。"

翌日，谢原即奉上新词八首，谈氏将其逐一谱曲弹唱，谢原更感相见恨晚。此后数日，谢原与谈氏词曲往来，情愫渐生。终于有一日，谢原隐忍不住，向谈氏道出了渴慕之情。谈氏虽亦有意，但无奈已为人妾，身不由己。

辑三 常怀感恩，退一步海阔天空

于是，谢原甘冒杀头之罪，请求张穆王成全他二人。

正常情况下，若换作别人，必然拍案而起、动雷霆之怒。然而，张穆王却一笑了之："其实我亦有此意！虽然心中尚有几分不舍，但你二人一擅作词，一擅谱曲，珠联璧合，实乃天造地设的一对！"

谢原万没有想到张穆王竟如此大度，不禁感恩戴德。为作报答，他将此事写成词，由谈氏谱曲，二人四处传唱。不多时，张穆王成人之美的美名，便在中原大地上传唱开来，很多有识之士闻讯都前来投奔。

张穆王的气度与胸怀为他赢得了天下才子的"倾心"，更赢得了千载的美名，显然，他是非常睿智和高明的。我们做人亦应以此为榜样，譬如某个下属无意间犯了无足轻重的错误，我们最好不要抓住不放、小题大做、四处宣扬，而应取大节，以诚感人、用"爱语"纠错，这样自会起到"润物细无声"的效应。

其实这世上本无完人，所以他人有过，我们没有必要苛责。尤其在用人之时，更要扬人之长，避人之短；对有过失的人，哪些能用，哪些不能用，要因人而异，不可一概而论，更不能求全责备，以短盖长。现实生活中，对人同样如此。也只有这样，才能让许多有才能、有个性的人团结在你的周围，帮助你成就事业。

诚然，古君子的思想放在"计划没有变化快"的当代社会，或许会有几分偏颇。但其本质上的要义于我们修身养性、为人处世还是有很大益处的。当有人冒犯我们时，只要不是出自恶意、不是重大原则性的问题，我们就不妨"成其之美"一回，取其大节，宥其小过，以春雨润物之势俘获对方的身心，这显然会令你收获颇丰。

当然，需要提醒大家的是，我们成人之美固然可以得到对方的回报，但若是因为自己帮助了别人而加以轻视，甚至想凌驾于他人之上，那么"成人之美"也就失去了最初的意义，弄不好还会令你得不偿失。

◆ 对不爱自己的人，最需要的是理解、放手和祝福

缘聚缘散总无强求之理。世间人，分分合合，合合分分谁能预料？该走的还是会走，该留的还是会留。一切随缘吧！

爱情全仗缘分，缘来缘去，不一定需要追究谁对谁错。爱与不爱又有谁可以说得清？当爱着的时候只管尽情地去爱，当爱失去的时候，就潇洒地挥一挥手吧，人生短短几十年而已，自己的命运把握在自己手中，没必要在乎得与失，拥有与放弃，热恋与分离。

失恋之后，如果能把诅咒与怨恨都放下，就会懂得真正的爱。虽然在偶尔的情境下依然不免酸楚、心痛。

卢梭 11 岁时，在舅父家遇到了刚好大他 11 岁的德·菲尔松小姐，她虽然不很漂亮，但她身上特有的那种成熟女孩的清纯和靓

丽还是将卢梭深深地吸引住了。她似乎对卢梭也很感兴趣。很快，两人便轰轰烈烈地像大人般恋爱起来。但不久卢梭就发现，她对他的好只不过是为了激起另一个她偷偷爱着的男人的醋意时，他年少而又过早成熟的心便充满了一种无法比拟的气愤与怨恨。

他发誓永不再见到这个负心的女子。可是，20年后，已享有极高声誉的卢梭回故里看望父亲，在波光潋滟的湖面上游玩时，他竟不期然地看到了离他们不远的一条船上的菲尔松小姐，她衣着简朴，面容憔悴。卢梭想了想，还是让人悄悄地把船划开了。他写道："虽然这是一个相当好的复仇机会，但我还是觉得不该和一个40多岁的女人算20年前的旧账。"

爱过之后才知爱情本无对与错、是与非，快乐与悲伤会携手和你同行，直至你的生命结束！卢梭在遭到自己所爱的人无情愚弄后的悲愤与怨恨可想而知，但是重逢之际，当初那种火山般喷涌的愤怒与报复欲未曾复燃，并选择了悄悄走开，这恰好说明世上千般情，唯有爱最难说得清。

如果把人生比作一棵枝繁叶茂的大树，那么爱情仅仅是树上的一颗果子，爱情受到了挫折、遭受到了一次失败，并不等于人生奋斗全部失败。世界上有很多在爱情生活方面不幸的人，却成了千古不朽的伟人。因此，对失恋者来说，对待爱情要学会放弃，毕竟一段过去不能代表永远，一次爱情不能代表永生。

聚散随缘，去除执着心，一切恩怨都将在随水的流逝中淡去。那些深刻的记忆也终会被时间的脚步踏平，过去的就让它过去好了，未来的才是我们该企盼的。

◆ 有人折磨你，未必不是一件好事

　　小镇上有一个名叫布莱索的年轻人，他在开了一家杂货店，这店铺他们家祖传的，从他爷爷那辈就开始经营。总而言之，这间小小的杂货店虽然不起眼，却一直被布莱索视为"珍宝"。布莱索诚实守信、买卖公道，童叟无欺，因而他的店铺在小镇上拥有不错得声誉。完全可以这么说，布莱索的铺子对镇上的居民而言，简直就如手足一般，是不可或缺的。布莱索本人并没有什么野心，他甚至没想过有朝一日要赚大钱，他只希望这家老店能够传承下去。他的儿子在慢慢长大，这间小铺子很快就会有新接班人了。

　　可是有一天，一个外乡人笑嘻嘻地来拜访布莱索，让人不愉快的事情发生了！

　　外乡人表示，他准备买下这间铺子，并要求布莱索报个价钱。

　　布莱索当然舍不得？就算是给出双倍的价钱也不会卖！要知道，这间铺子可不仅仅是生意那么简单，它代表的是事业，是遗产，是信誉！

　　外乡人耸耸肩，一脸奸笑地说："抱歉，我已经买下了街对

面那幢空房子，好好装修一遍，再进些上好的货品，价位定得低一些，到那时你没生意可不要后悔！"

就这样，布莱索眼见对面贴出了翻新告白，又见一些木匠、漆匠在里面忙得不亦乐乎，他的心跌到了谷底！对面新店开业以后，布莱索的生意果然一落千丈，因为对方的货物样式新、价格低，客人都被抢了去。看来，外乡人是有心要挤垮布莱索的老店。

不能再任其发展下去，布莱索决定予以还击。可是，如何才能打退对手呢？在经营中马丁曾经发现，每每他把一些商品摆在门口甩卖时，人们的兴趣总是格外浓厚，他们喜欢挑来挑去，然后买走所需的东西，这使布莱索产生了一个新想法——对店铺进行大改革，这是他从未想过的事情。说做就做，马丁找来几个木匠制作了一排货架，随后又进城采购了许多货品，然后分门别类地将其摆放在货架上，并在相应的货品下贴上价签，他撤掉了老式柜台，只在门口摆了张桌子收款。如此一来，人们就可以自由地挑选自己喜爱的货物。这一改革在小镇引起了轰动，人们一窝蜂地跑道布莱索的店里买东西，布莱索获得了成功，而那个外乡人，只得卷铺盖走人了。后来，布莱索又将自己的新店经营模式推广到城里，结果他很快就成为了一个有名的富人。

毫无原则的表扬和肯定，往往会扼杀长久的努力和进步。有人折磨你，这未必不是一件好事，对他不要怨恨，当然，更不要被击倒。因为，倘若我们无法接受那些折磨，就不可能透过折磨体会到成功的真谛。

7. 与病态心理说再见

许多人都认为善良人容易吃亏。其实,善良人很少会因吃亏而后悔,他们活得坦然、心安,那是善良给予他们的美好回报。

◆ 自私的人往往得不偿失

美国当代著名心理学家斯腾伯格在谈到自私心理时，曾讲过这样一个故事：

勒布朗是位美国商人，他在纽约拥有一幢舒适的公寓，但每当夏季来临，他都要离开灰蒙蒙的都市前往乡下。他还有一套乡间小别墅，别墅里还放着一个装有猎枪、鱼竿、酒等物品的大壁橱。这壁橱他自己用，连他妻子都没有钥匙。勒布朗珍爱自己的东西，别人碰一下他都会发火。

现在已经是秋天了，勒布朗几分钟以后就要启程回到纽约。他看了看摆放红酒的壁橱，神情严肃。所有的酒都没有启封，只有一瓶除外。这瓶酒被放在最前面，里面的酒已不足半瓶，旁边还有一个红酒酒杯，看起来非常诱人。他刚拿起酒瓶，就听到妻子海伦在另一个房间说道："我都收拾好了，亚历克什么时候才能回来？"亚历克住在附近，兼做他们的管家。

"他在湖里拖小船呢，半小时以后就能回来！"

海伦提着手提箱走了进来，看到丈夫把两片药扔进半空的酒瓶中，药片很快便溶解了。

"你在干什么？"她问。

"咱们走后，去年冬天破门而入、偷去我红酒的人可能还会故技重施，可他这次会后悔的。"

海伦心惊胆战地问："你放的是什么药？会使人生病吗？"

"岂止是生病，还会要人的命呢！"他心满意足地答道，顺手将酒瓶放回原处，"嗯，小偷先生，你想喝多少就喝多少吧。"

海伦的脸一下子白了，她嚷着："勒布朗，别这样，太可怕啦，这是谋杀呀！"

"如果我开枪打死一个私人民宅的小偷，法律会不会判我谋杀？"

她哀求道："别这样，法律不会判入户盗窃者死刑的，你没有权利这样做！"

"当涉及我的私有财产时，我会运用我的私人法律。"他现在看起来就像一条害怕别人夺走他的骨头的大狼狗。

"他们不过是偷了点儿酒而已，可能是些小男孩干的，也没搞什么破坏。"她又说。

"那又有什么关系？一个人偷了 5 美元与 100 美元毫无区别，贼就是贼。"

她做最后的努力："咱们得明年夏天才能来，我会一直担惊受怕的，万一……"

他哈哈大笑："我以往担着风险做生意，不是也赚了吗？咱们再冒一次险又能怎样？"

她明白再争下去也是徒劳，他在生意上也一直这样冷酷无情。于是，她借口向邻居告别，把这事告诉给了管家的妻子。

勒布朗正要锁壁橱，忽然想起晾在花园的猎靴忘了装进行李。他伸手够靴子时，脚下一滑，头重重撞在了桌角上，随即昏倒在地。

几分钟后，他感觉有双有力的臂膀在抱着他，他听出是亚历克的声音："没事啦，先生，你伤得不重，喝点这个会使你感觉好些。"一个红酒酒杯送到了他嘴边，他迷迷糊糊地喝了下去……

斯腾伯格的用意很明显，他是在告诉人们：超越正常的自私心理是非常有害的，这个世界需要的不是自私与伤害，而是和睦相处、是相互关爱，对人对己，这都是有利的。

自私，这是一种近似于本能的欲望，是人性中的一种缺憾。客观地说，没有人不自私，生活在当前的商品经济社会，每个人都会有不同程度的私心杂念，这是人之常情。但是，就现在的情况来看，很多人的自私心理已经超过了人的一点私心杂念，就像案例中的勒布朗一样，损人利己，极端自私，刻薄成性，以自我为中心，目中无人，容不得他人，即便自己心知肚明，也会觉得心安理得，且常常会找种种借口加以掩盖，隐藏自己内心深处的自私本性。这种自私，就是一种病态的心理了。

◆ 少一些忌妒，多一些朋友

　　人与人生生相惜，互相依存，正如古人云"一日之所需，百工斯为备"。我们共同生活在这个世界上，就是"生命的共同体"，而忌妒，无疑是破坏这种依存关系的大祸端。一个人倘若被忌妒心所操控，便免不了要为自己树敌；反之，若能降服忌妒心，懂得欣赏他人的胜处，则是多了一些朋友。孰利孰弊，不言而喻。

　　只可惜，原是很浅显的道理，偏偏很多人悟不透、做不到，于是人世间忌妒之心横行。培根在《论忌妒》中写道："世人历来注意到，所有情感中最令人神魂颠倒的莫过于爱情和忌妒。这两种情感都会激起强烈的欲望，而且均可迅速转化成联想和幻觉，容易钻进世人的眼睛，尤其容易降到被爱被妒者身上……自身无德者常忌妒他人之德，因为人心的滋养要么是自身之善，要么是他人之恶。而缺乏自身之善者必然要摄取他人之恶。于是凡无望达到他人之德行境地者便会极力贬低他人以求平衡……在人类所有情感中，忌妒是一种最纠缠不休的

感情，因其他感情的发生都有特定的时间场合，只是偶尔为之；所以古人说得好：忌妒从不休假，因为它总在某些人心中作祟。世人还注意到，爱情和忌妒的确会使人衣带渐宽，而其他感情却不致如此，原因是其他感情都不像爱情和忌妒那样寒暑无间。忌妒亦是最卑劣最堕落的一种感情，因此它是魔鬼的固有属性，魔鬼就是那个趁黑夜在麦田里撒稗种的忌妒者；而就像一直所发生的那样，忌妒也总是在暗中施展诡计，偷偷损害像麦黍之类的天下良物。"这寥寥数百字，已将忌妒的丑陋一面剖析得淋漓尽致，事实上，古今圣达之人，亦大多对忌妒心有余悸，雷萨克就曾经说过："一个人妒火中烧的时候，事实上就是个疯子……"由此可见，当忌妒变态以后，它对人的危害是何其之大。

有两个重病患者同住在医院的一间病房，病房只有一扇窗。靠窗的那个病人遵医嘱，每天坐起来一小时，以排除肺部积液，但另外一个却只能整天仰卧在床上。

两个病人天天在一起。他们互相将自己的妻子、儿女、家庭和工作情况告诉了对方，也常常谈起自己的当兵生涯、假日旅游等。此外，靠窗的那个病人每天下午坐起时，还会把他在窗外所见到的情景一一描述给同伴听，借以消磨时光。

就这样，每天下午的这一小时，就成了躺在床上那个病人的生活目标。他的整个世界都随着窗外那些绚丽多彩的活动而扩大和生动起来。他的朋友对他说：窗外是一座公园，园中有一泓清澈的湖水，水上嬉戏着鸭子和天鹅，还穿行着孩子们的玩具船；

情侣们手挽手地在湖边的花丛中漫步，巨大的老树摇曳生姿，远处则是城市美丽的轮廓……随着这娓娓动听的描述，他常常闭目神游于窗外的美妙景色之中。

一天下午，天气和煦。靠窗的那个病人说，外面正走过一支娶亲队伍。尽管他的同伴并没有听到乐队的吹打声，但他的心灵却能够从那生动的描绘中看到一切。这时，他的脑海中突然冒出了一个从未有过的想法：为什么他能看到这一切、享受这一切，而我却什么也看不见？好像不公平嘛！这个念头刚刚出现时，他心里不无愧疚。然而日复一日，他依然什么也看不见，这心头的妒忌就渐渐变成了愤恨。于是他的情绪越来越坏了，他抑郁烦闷，夜不能寐。他理当睡到窗户旁去啊！这个念头现在主宰着他生活中的一切。

一天深夜，当他躺在床上睁眼看着天花板时，靠窗的那个病人猛然咳嗽不止，听得出，肺部积液已使他感到呼吸困难。当他在昏暗的灯光下吃力挣扎着想按下呼救按钮时，他的同伴在一边的床上注视着，谛听着，但却一动也不动，甚至没有揿下身旁的按钮替他喊来医生，病房里只有沉寂——死亡的沉寂。

翌日清晨，日班护士走进病房时，发现靠窗的那个病人已经死去。护士感到一阵难过，但随即便唤来人将尸体搬走——既不费事，也无须哭泣。当一切恢复正常以后，剩下的那个病人说，他希望能够移到靠窗的床上。护士自然替他换了床位。把病人安置好以后，护士就转身出去了。

这时，病房里只有他一个人。他吃力地、缓缓地支起上身，希望一睹窗外的景色——他马上就可以享受到窗外的一切景色了，他早就盼望这一时刻的到来了！他吃力地、缓缓地转动着上身向窗外望去……

窗外，只有一堵遮断视线的高墙……

对美好生活的向往支持着与病魔抗争的坚强信念，靠窗的病人一直在诉说着一个美丽的谎言，支持病友也支持自己。然而，人性的天敌——忌妒毁掉了这个美丽的谎言，也毁掉了这两个病人。

忌妒，会使我们失去灵魂的双腿，走在人间路上，没有支柱，寸步难行。

在现实生活中，我们难免要被人超越，因为任何人都不可能具备所有的智能。我们要坦然接受自己的不完美，当有人在某一方面超过我们时，我们应该去羡慕，而不是忌妒。因为羡慕会激发我们内心的斗志，令我们将对方当作追赶目标，从而不断提升、不断进步，这才是人生的精彩。

◆ 与人分享，便有双倍的幸福

有一个字谜很有意思："一人本姓王，怀里揣着两块糖。"谜底是"金"。是啊，一个人，无论身处怎样的境遇，只要他怀里揣着两块糖，一块慷慨地赠予别人分享，一块留下自己慢慢品尝，就自会获得人生的快乐和金子般的幸福。在生活中，我们只要与别人分享幸福，分享快乐，分享亲情，分享成功，分享信息，分享甘苦……就会在分享中获得人生的真谛。

其实幸福是埋藏在每个人心中的感觉，只要你愿意去开启它，愿意相信自己，那幸福就会常在。

记得有位作家曾说过："倘若你有一个苹果，我也有一个苹果，而我们彼此交换苹果，那么，你和我仍然是各有一个苹果。但是，倘若你有一种思想，我也有一种思想，而我们彼此交换这些思想，那么，我们每人将各有两种思想。"分享的幸福正在于，它可以使我们拥有更多的东西，而把自己的东西拿来与别人分享的那一刻，不但能体会到分享的乐趣，更能体验到一种满足感。因为分享幸福，你会得到双倍甚至更多的幸福，所

以我们也在享受幸福。让我们静静坐下来，让幸福在我们身上停留。

关心爱护周围的人，多为别人着想的人，心中的幸福感觉最多，因为看到别人的幸福微笑，我们心中自然也会感到幸福快乐。

有一位叫智德的禅师在院子里种了一株菊花。三年后的秋天，院子里开满了菊花，香味一直传到了山下的村子里。来禅院的信徒都不住地赞叹："好美的花儿啊！"

有一天，有人开口向智德禅师要几枝种在自己家的院子里，智德禅师答应了。他亲自动手挑了开得最艳、枝叶最粗的几株，挖出根须送到别人家里。消息传开后，前来要花的人接踵而来，络绎不绝，智德禅师满足了每个人的愿望。可是这样一来，没过几天，院里的菊花就都被送出去了。弟子看到满院的凄凉，忍不住说："太可惜了！这里本来应该是满院的香味啊。"智德禅师微笑着说："这样不正好吗？因为三年以后就会是满村菊香了啊！"弟子听师父这么一说，脸上的笑容立刻如菊花一样灿烂起来。智德禅师告诉弟子："我们应该把美好的事物与别人分享，让每个人都感受到这种幸福，即使自己一无所有了，心里也是幸福的啊。"

幸福是人人可以达到的，无论年龄、性别、职位；幸福是心灵内在的感触；幸福的人生是人与环境的和谐；幸福是人文与物质的平衡；能与人分享幸福是双倍的幸福；幸福感不仅来自获得，更来自给予；有爱的人生才是幸福的人生；执着、勇敢、

热忱、信念是通向幸福彼岸的诺亚方舟；幸福来自于对愿景的
追求。

◆ 在孩子心里种下爱的种子

一个女儿问爸爸：我们家有钱吗？

爸爸说：我们家没有钱。

她又问：我们家很穷吗？

爸爸说：我们家不穷。

6周岁的女儿似懂非懂。

爸爸单位发起"冬季捐寒衣"活动。晚上，爸爸打理着一些
家里一时穿不着的寒衣。女儿问：这些衣服给谁？

爸爸说：送给穷人。

她又问：为什么？

爸爸说：他们没有寒衣，过不了冬。

女儿点点头，一副很明白的样子。一会儿，她拿来一件小棉
袄、一条围巾、一顶帽子，说要捐出去。爸爸正想鼓励她两句，
不料她一把拉下爸爸的帽子说：爸爸，求您了，把这顶帽子也送
给穷人吧！

爸爸的心一震，为女儿那小小的心所感动。爸爸一直以为自

己富有同情心，而在这之前，他却从未想过要将自己正需要的东西送给别人。

第二天，爸爸送她至校门口，看着她捧着那个小包裹一蹦一跳地走进校门，爸爸的眼睛渐渐湿润。爸爸高兴的是，女儿将比自己更富有。

文中爸爸说女儿的"富有"是精神上的，这就是一种博爱的精神。

《三毛作品集》中还记述了这样一个小故事，有一位生活在撒哈拉沙漠深处小城的红发少年，他以幼小羸弱的身躯承担起独立照料贫病交加的父母亲的重任。从这个十来岁的少年身上，人们可以看到仁爱精神给人带来的巨大力量和无穷智慧。

虽然这是个小故事，也很普通，表现的只是对父母亲的关爱，但是对于一个孩子来讲，他能从小就爱父母、爱长辈、爱家庭、爱老师、爱同伴、爱学校；他多次拿出自己积攒的零花钱捐献给希望工程，经常去干休所、车站、敬老院开展学雷锋活动，曾经几次把自己的奖品赠送给家庭困难的小朋友，并拿出自己的奖学金救助失学儿童。长大后，谁能说他不是心揣博爱胸襟之士呢？

苏霍姆林斯基在他的实验学校大门的正面墙上，悬挂着这样一幅大标语："要爱你的妈妈！"当有人问苏霍姆林斯基为什么不写"爱祖国""爱人民"之类的标语时，他说："对于一个7岁的孩子，不能讲那么抽象的概念。而且，如果一个孩子连他的妈妈也不爱，他还会爱别人、爱家乡、爱祖国吗？""爱自己的妈妈"这容易懂、容易做，而且为日后进行的爱祖国教育打下了基础。他还说："必须使儿童经常努力给母亲、父亲、祖父、祖母等带来欢乐，否则，儿童就会长成一个铁石心肠的人，在他的心里，既没有做儿子的孝心，也没有做父亲的慈爱，更没有为人民做事的伟大理想。如果一个人在亿万个同胞里连一个最亲的人都没有，他是不可能爱人民的。如果一个人的心里没有对最亲爱的人忠诚，他是不可能忠于崇高的理想的。"

◆ 谁总把自己当成"受害者"，谁就是自己的受害者

　　一场考试或考核，无论程序多么公平，制度多么规范，落选者总是会说："这里面一定有黑幕！"而且，这种猜疑总是能赢得舆论共鸣。公司的晋升选拔，无论做的多么透明，总是会有那么一小撮人议论："这个人就是靠溜须拍马上去的"，或者"肯定给领导好处了！"在有关穷人富人的舆论争议中，这种心态表现得更明显，没有多少是非原则的认知，充斥着受害者的情绪发泄。这样的情绪状态，心理学上称之为"受害者心理"。这是一种消极的应对问题方式，其本质上是一种逃避心理。有了"受害者心

理"，很容易通过不断肯定自己的无辜，把责任推卸给他人，而不去解决问题。就像歌曲《为什么受伤的总是我》中唱的那样："为什么受伤的总是我，到底我是做错了什么……"

有两个年轻人同在一家卖场工作，其中一个已经在这里待了4年。他的朋友与他在柜台边交谈，他说，这家商店没有器重他，他正准备跳槽。在谈话中，有个顾客走到他面前，要求看看帽子，但这年轻人却置之不理，继续谈话。直到说完了，才对那位显然已不高兴的顾客说："这儿不是帽子专柜。"顾客问帽子专柜在哪儿，年轻人懒洋洋地回答："你去问那边的管理员好了，他会告诉你。"4年来，这个年轻人一直处于很好的机会中，但他却不知道。他本可以使每一个顾客成为回头客，从而展现出他的才能，但他却冷冷淡淡，把好机会一个又一个地损失掉了。

另一个年轻人则是新来的。这天下午，外面下着雨，一位老妇人走进卖场，漫无目的地闲逛，显然不打算买东西。大多数销售员都没有搭理她，而那位新来的年轻人则主动过去打招呼，很有礼貌地问她是否需要服务。老妇人说，她只是进来避避雨，并不打算买东西。这位年轻人安慰她说，没关系，即使如此，她也是受欢迎的。他还主动和她聊天，以显示他确实欢迎她。当她离开时，年轻人还送她出门，替她把伞撑开。这位老太太向这位年轻人要了一张名片，就走了。

后来，这个年轻人完全忘了这件事。但有一天，他突然被卖场总经理召到办公室，总经理向他出示了一封信，是那位避雨的老太太写来的。老太太要求这家卖场派一名销售员前往英国，代表该公司接下一宗大生意。老太太特别指定这位年轻人接受这项工作。原来这位老太太是英国一位商界大鳄的母亲。这位年轻人由于他的热情、积极和平和的心态获得了一个极佳的晋升机会。

而那位在卖场工作4年的年轻人在得知有位新人获得这样一个大好机会以后，愤怒了，他逢人便说那人肯定是总经理家亲戚，说不准是他情人的弟弟呢，而他并不知道在那个年轻人身上发生了什么。

当然，这个年轻人之所以能获得了这个晋升机会，有一点偶然的因素，但有一句话一直都在提醒着每个人——机遇永远留给有准备的人。那些办事三心二意，干活投机耍滑的人，永远都不可能把机遇牢牢地握在掌心。就如第一个店员，他每天都牢骚满腹，甚至对顾客恶脸相向，即使他碰上的是英国首相式的人物，也不可能平步青云，弄不好反而会丢了工作。

其实，导致人与人之间生存境况存在的差异的因素就在这里，与其人人都和你作对，不如说是你在和自己作对。然而那些有"受害者心理"的人永远不会这么想，他们有一整套歪曲的逻辑——不是我的问题，是别人不好；不是我的问题，是我小时候没这个条件；不是我的问题，是这个社会不公平。他们把自己困在思想的牢笼里，认为自己永远是好的，错误都是别人和社会的。其实，觉得世界不公平，本质上还是你不够强大，你还没有做得足够好。

如果你愿意，你总是可以掌控点什么。谁没有痛苦，谁没有纠结呢？除非你让自己深深陷入抱怨与自怜之中。只要你愿意用一种掌控者的心态，去重新面对自己的工作和生活，你会发现生活很快就发生了质的改变。

◆ 婆媳之间，能体谅的多体谅

蒋翠萍在一次和婆婆发生冲突以后，跑到表妹宋女士家诉苦。当时，宋女士正好有篇稿子要写，无暇陪她。蒋翠萍就和宋女士的婆婆闲聊起来。

蒋翠萍无奈地说，她婆婆不讲卫生，做菜无味，整天唠叨，让人生厌。宋女士的婆婆打断了她的话："你该向这个'糊涂'妹妹学学，她不嫌我这个乡下老太婆，我在这里一住就是几年。我炒的菜明明盐放多了，可她还说好吃！前天刚给我一百元零花钱，今天早上又问我还有没有零钱用。"

宋女士的婆婆一边说，一边呵呵笑起来……

午饭后，宋女士打开洗衣机准备洗衣裳，却找不到早晨刚刚换下的衣服。"妈，看见我的衣裳了吗？"

宋女士的婆婆却一拍脑门，笑着说："瞧我这老糊涂，刚才一不留神把你的衣服给洗了。"

蒋翠萍看着表妹婆媳之间融洽的样子，愣了一下神，好像若有所悟地点点头。当晚，蒋翠萍深情地告诉宋女士："以前我总羡慕你有好婆婆，现在终于明白了，你们之间的糊涂可真难得啊！不计较小事小非，什么事都好办了！我以后真得好好向你学习。"

此后，蒋翠萍也当起了"糊涂"媳妇。令人欣慰的是，不久以后，她婆婆也被"传染"了，也跟她一起"糊涂"起来。以后，她们家再也看不见"硝烟"了。

都说不是一家人，不进一家门，既然进了一家门，那就是百世修来的缘分。人生不过数十载，于老人而言，幸福的日子更是过一天少一天，婆媳之间何必争得面红耳赤，闹得鸡犬不宁，令你们的儿子、丈夫身居其中左右为难。做婆婆的，应老有持重，多装装糊涂，谅解儿媳的"不懂事"；做儿媳的，应本着尊老敬老的基本操守，能体谅的多体谅，能忍让的多忍让。这样，不但你们过得开心，你们的儿子、丈夫也少了很多危难之时，才能毫无后顾之忧地为这个家尽心尽力。

◆ 毒药若在你心中，只能用爱去冲刷

薛敏出嫁了。出嫁之后，薛敏跟丈夫、婆婆同住一起。婚后不久，薛敏发现自己根本无法与婆婆和平相处。二人的性格有着天壤之别，婆婆的一些习惯是薛敏看不惯的，而婆婆也经常为这为那指责薛敏。

就这样过了一年，薛敏与婆婆之间从没停止争吵过，更糟的是，按照中国传统习俗，薛敏不得不向婆婆俯首称臣，为婆婆马首是瞻。天长日久，家中所有的愤怒和不快越积越多，薛敏可怜的丈夫夹在当中，也是痛苦不堪。

最后，薛敏实在忍不下去了，她决定"拯救"自己。

于是，薛敏找到一位卖中药的朋友赵医生，将自己的处境告诉了他，并问他是否可以给她一些毒药。这样她就能一了百了，把所有的问题都解决掉。

赵医生想了一会儿，说道："这个忙我可以帮，但是你必须要听我的话，按照我讲的去做。"

薛敏说："只要你能帮我，我就按你说得去做。"

赵医生给了薛敏一包草药，并嘱咐她："你不能用毒性猛的药除掉你婆婆，因为如此一来势必会引起别人的怀疑。我给你配了几种慢性药，毒性将会在你婆婆的体内慢慢培植。你最好每天给她做鸡鱼肉类，再放入少量的毒药在菜中。还有，为了让别人在她死的时候不至于怀疑到你，你必须对她恭恭敬敬，不要同她争吵。对她言听计从。"

谢过赵医生以后，薛敏怀着忐忑的心情回去实施谋杀婆婆的计划去了。

就这样过了几个星期、几个月，薛敏按照赵医生的吩咐，每天都精心烹制有毒药的菜肴给婆婆吃。为了避免引起怀疑，她无时无刻不在控制着自己的脾气，对待婆婆就像对待自己的亲生母亲一样。于是大半年的时间，她没跟婆婆吵过一次嘴。现在在薛敏眼中，婆婆比以前和善得多，也容易相处多了。

婆婆也是一样，她像爱自己的女儿一样爱薛敏，还不住地在亲朋好友面前夸奖薛敏，说她是打着灯笼都难找的好儿媳。

这天，薛敏又来找赵医生，她请求赵医生说："赵医生，请您想办法帮我消除那些药的毒性吧，我现在不想杀死我婆婆了！她已经变成一个好女人，我爱她就像爱自己的母亲一样。"

赵医生笑了笑："你尽管放心好了，其实我并没有给过你什么毒药，那只不过是一些滋补身体的草药，对老年人身体是有好处的。事实上，唯一的毒药在你的心里，在你对待她的态度。可喜可贺的是，你心中的毒药已经被爱冲刷得一干二净了。"

这世间的"恨"就是一味迅猛的毒药，它只扎根在你心中，若想消除它，只能用爱去冲刷。

自古以来婆媳相处一直就是家庭中的一大敏感问题，相处得来一切OK，要是相处得不好，婆媳过招一百回的戏就会常在家中上演。不过，尽管婆媳矛盾是一个古今中外令许多家庭头痛的难题，但只要当事者本着互相信任、互相尊重、互相爱护、互相关心、互相宽容忍让的态度，加上家庭其他成员齐心协力促使其向良性的方面转化，婆婆与媳妇之间一定会产生出真诚的爱，一定能够和睦相处。

8.用善意的微笑和这个世界对话

人生的经历就像铅笔一样：一开始很尖，经历的多了自然就变得圆滑了，如果承受不住，就会断掉。忍耐之草虽然是苦的，但最终会结出甘甜而柔软的果实。

◆ 事临头，三思为妙，一忍最高

许多人都会在自觉与不自觉之间信奉着一个字——"忍"，虽然信奉"忍"字的人很多，然而真正了解它内涵的人却少之又少。许多人将一幅幅"忍"字字画悬挂于客厅、卧室、钥匙扣……之上，然而他们就像"叶公好龙"一般，喜欢的不是真"忍"，而是书画上的假"忍"。

要知道，如果我们欲成就一番事业，就应该时刻注意学会制怒，不能让浮躁愤怒左右我们的情绪。著名的成功学大师拿破仑·希尔曾经这样说："我发现，凡是一个情绪比较浮躁的人，都不能做出正确的决定。在成功人士之中，基本上都比较理智。所以，我认为一个人要获得成功，首先就要控制自己浮躁的情绪。"

在生活中我们经常看见很多人为了一点很小的事情而怒容满面，甚至与其他人大打出手，这是欲成大事者的大忌。我们每个人都避免不了动怒，愤怒情绪是人生的一大误区，是一种心理病毒。克制愤怒是人生的必修课，那些怒火横冲直撞而不加抑制的人是难成大器的。我们分析一下，明朝几经沉浮的官员李三才的失败根源就不难发现这点。

明神宗时曾官至户部尚书的李三才可以说是一位好官，为什么这么说呢？当时他曾经极力主张罢除天下矿税，减轻民众负担；而且他疾恶如仇，不愿与那些贪官同流合污，甚至不愿与那些人为伍。但是他在"忍"上的造诣却太差。

有一次上朝，他居然对明神宗说："皇上爱财，也该让老百姓得到温饱。皇上为了私利而盘剥百姓，有害国家之本，这样做是不行的。"李三才毫不掩饰自己的愤怒、说话也不客气的行为激怒了明神宗，他也因此被罢了官。

后来李三才东山再起，有许多朋友都担心他的处境，于是劝他说："你疾恶如仇，恨不得把奸人铲除，也不能喜怒挂在脸上，让人一看便知啊。和小人对抗不能只凭愤怒，你应该巧妙行事。"李三才则不以为然，反而认为那样做是可耻的，他说："我就是这样，和小人没有必要和和气气的。小人都是欺软怕硬的家伙，要让他们知道我的厉害。"没过多久，李三才又被罢了官。

回到老家后，李三才的麻烦还是不断。朝中奸臣担心他再被重新起用，于是继续攻击他，想把他彻底搞垮。御史刘光复诬陷他盗窃皇木，营建私宅，还一口咬定李三才勾结朝官，任用私人，应该严加治罪。李三才愤怒异常，不停地写奏书为自己辩护，揭露奸臣们的阴谋。

他对皇上也有了怨气，居然毫不掩饰愤怒情绪，对皇上说："我这个人是忠是奸，皇上应该知道的。皇上不能只听谗言。如

辑三 常怀感恩，退一步海阔天空

果是这样，皇上就对我有失公平了，而得意的是奸贼。"最后，明神宗再也受不了他了，便下旨夺去了先前给他的一切封赏，并严词责问他，于是李三才彻底失败了。

古人常说"喜怒不行于色"，而李三才却不明白此点，不分场合、不分对象随意发怒，自然只能产生失败的后果了。

"事临头，三思为妙，一忍最高"。你应当提高自己控制浮躁情绪的能力，时时提醒自己，有意识地控制自己情绪的波动。千万不要动不动就指责别人，喜怒无常，改掉这些坏毛病，努力使自己成为一个容易接受别人和被人接受，性格随和的人。只有这样的人才能成大事。

◆ 冲突面前，权且静静

在小事上计较就等于在大事上糊涂，所以，计较来计较去，其结果往往是自己吃亏。

生活中总是有一些人心胸不够开阔，一点点小事就足以让他们心烦意乱。当别人无意中惹到他们时，他们总是抱着"以牙还牙，以眼还眼"的决心，摆出一副寸土必争的姿态去面对生活中一些鸡毛蒜皮的小事。他们做人的原则就是半点亏不吃，但实际上往往是这种人容易吃大亏。

北京的公交车上总是会有那么多人，从来就没有空的时候，这日祁立静下班回家，在公司门前的那个站牌等公交车。千等万等，终于来了一辆。

公交车里好多的人，黑压压的。祁立静努力地向上挤，终于挤上了车。但挤车时一不小心，踩了旁边的胖大嫂一脚。胖大嫂的大嗓门叫开了："踩什么踩，你瞎了眼了？"祁立静本还想道歉来着，但一听这话面子上挂不住了，回应说："就踩你了，怎么着吧？"

于是，两个女人的好戏开演了。双方互相谩骂，恶语相加。随着火力的升级，两人竟然动起了手，胖大嫂先给了祁立静一下，祁立静也立即以牙还牙，两手都上去了，在胖大嫂脸上乱抓一通。还是边上的好心人把两人拉了开来。

祁立静的指甲长，抓破了胖大嫂的脸，而她却没怎么受伤。想到这里，祁立静不禁得意起来。

终于回到了家，一进家门祁立静便向老公倒起了苦水。不过她倒认为自己没吃亏，反倒把那恶妇抓破了脸，所以，讲到这里一脸的灿烂，这时老公看了她一下，惊奇地问道："你右耳朵上的那个金耳坠呢？"祁立静一摸耳朵，耳坠早已不见了……

我们经常以为"以牙还牙"就是让自己不吃亏，事实上，这是一种小肚鸡肠的表现。总以为别人占自己一分便宜，自己就要想尽办法占三分回来，否则自己就是吃了大亏，但是事实真的就

像我们想象的那么单纯吗？"以眼还眼，以牙还牙"，看起来矛盾的双方是势均力敌，谁都不吃亏，但当你真的以这种原则去办事时，你会发现你可能解了一时之气，但不能得到大多数人的认可和好评。所以，你的行为事实上在告诉别人你是一个肚量狭小的人，那么还有谁敢靠近你？反之，以德报怨，不仅可以使那些对你不敬的人心生惭愧，同时还可以表现出你的胸怀和气度，那么在你的周围会不知不觉吸引许多有德之人。这才是吃小亏，赚大便宜的上上之策。不要做那种斤斤计较的傻事。对你没有任何好处。

◆ 快意时，须早回首

"得意时早回首"，这是先贤们根据长期生活积累而出的经验之谈，其政治含义很深。在王权至高无上的历史时期，很多智冠天下的重臣都会选择"功成身退"，因为他们害怕"功高震主身危"！当然，如今我们处在一个和谐的社会，没那么多权力争斗，也不至于产生如此严重的后果，但是，"得意时早回首"——这句箴言对于我们经营人生而言，仍然具有非常重要的警示意义。因为，凡事做得太过，风头太健，力量用到极点，往往会令我们失去回旋的余地，因而也就不能转过身来保护自己。

人生得意之时，我们务必要保持冷静、理智的大脑，倘若太过疏狂，难免要引火烧身，得意之情太过，即便是身边至亲之人，也会心生反感的。人在失意以后还要遭受罪责，这都是在得意之时埋下的祸根，是故我们不能不时时谨慎小心。

有一位做贸易生意的朋友，经商颇有几分能力，短短几年内便运用"大鱼吃小鱼"的策略，吞并了当地十数家具有一定规模的同行业企业，组建了一个形成局部垄断的大集团。他最常挂在嘴边的话就是"无毒不丈夫"，出手毒辣，不留余地，所以扩张得非常快。

也因如此，他得罪了很多人，尤其是那些失去当前财路、又没有机会另寻生路的人，更是对他恨之入骨。于是，就在他的公司蒸蒸日上、名声达到顶峰之时，那些被他逼入穷巷的对手联合起来，竭力收集他经商中违规操作的证据，举报给经侦部门。这个霸道十足的商业帝国，就这样顷刻间轰然坍塌。

有人曾经说过："不要把你的竞争对手逼到绝路，也不要轻易激怒他……损人一千，自耗八百的蠢事不要干！"这是聪明人的做法。如果我们气势太盛，咄咄逼人，对方就会拼死一搏，这样，我们虽然胜了，但也伤得不轻。何必呢？

人啊，往往因为壮大，便开始滋生自负、自满的情绪，于是心里除了自己也就没有谁了。而危险，多半就潜藏在我们那颗盛气凌人的心中，在我们仰天大笑、疏于防范之时突然出现，令我

们防不胜防。所以，无论现状有多好，我们时时都要具有忧患意识。只有居安思危，做好迎战噩运到来的思想准备，才能使"盈满"的状态保持长久，一旦危机来临，也不会措手不及。

张狂骄傲、不可一世会让我们的人生迷失方向。当我们"煮酒论英雄"之时，可曾想过"山外青山楼外楼"的道理？是否明白我们只是芸芸众生中的一粒微尘？就此而言，我们是不是更该谨慎？是不是该在稳中求进、人前多恭谦、得意时多低调？

天道忌盈，人事惧满，月盈则亏，花开则谢，这些虽然是出于天理循环，实际上也是人的盈亏之道。事业达于一半时，一切皆是生机向上的状态，那时可以品味成功的喜悦；事业达于顶峰时，就要以"如临深渊，如履薄冰"的态度来待人接物，只有如此才能持盈保泰，永享幸福。否极泰来，物极必反，就像喝酒喝到烂醉如泥，就会使畅饮变成受罪。有些人就上演了使后人复哀后人的悲剧。往往事业初创时大家小心谨慎，而到成功之时，不仅骄奢之心来了，争权夺利之事也多了。所以，每个欲有作为的朋友都应记住"月盈则亏，履满宜慎"的道理。

《菜根谭》中说："恩里由来生害，故快意时须早回首"。这是在告诉我们：人在得到恩惠时往往会招来祸害，所以在得心快意时要想到早点回头。不要为一时之得意而忘乎所以，不把任何人放在眼里，以致招来非议，断了自己的后路。须知，乐极反而生悲。

◆ 学会控制你的言辞

嘴巴，可以是吐放剧毒的蝎子，令人生畏远避，也可以像柔软香洁的花苑，散发清香和喜悦，为人间邀来翩翩的彩蝶。留一张口，说赞美的言辞赞美天地，赞美所有的人……赞美，像雨后的彩虹，黑夜的萤火，虽然是惊鸿一瞥，却是久久地激荡回味！

人的脸孔上，有两个眼睛，两个耳朵，两个鼻孔，却只有一张嘴巴，这奇妙的组合，蕴含着很深的意义，就是告诫人们要多听，多看，少说。

《伊索寓言》中有句名言："世界上最好的东西是舌头，最坏的东西还是舌头。"因此，人要懂得"祸从口出"的道理，管住自己的舌头。

范雎在卫国见到秦王，尽管秦王求教再三，他都沉默不语；诸葛亮在荆州，刘琦也是多次请教，诸葛亮同样再三不肯说。最后到了偏僻的一座阁楼上，去了楼梯，范雎和诸葛亮才分别对秦王和刘琦指示今后方向，所以历史上的"去梯言"，就表示慎言的意思。

东晋时代的王献之，一日偕同两个哥哥王徽之、王操之，一起去拜访东晋当代名人谢安。徽之、操之二人放言高论，目空四海，只有献之三言两语，不肯多说。三人告辞以后，有人问谢安，王家三兄弟谁优谁劣？谢安淡淡说道：慎言最好！

人生，有人喜欢饶舌，但也有人习惯于慎言。饶舌的人常常会吃亏；慎言的人，比较不容易受到伤害。

一天，一个人急急忙忙地跑到某哲学家那里，说："我有个消息要告诉你……"

"你先等等，"哲学家说，"你要告诉我的消息，用三个筛子筛过了吗？"

那人不解地问："三个筛子？哪三个筛子？"

哲学家告诉他说："第一个筛子是真实，第二个筛子是善意，第三个筛子是重要。"

接着，哲学家问："你说的消息是真实的吗？"

"不知道，我是从街上听来的。"

"你要告诉我的消息就算不是真实的，也应该是善意的吧？"

"不，刚好相反。"那人踌躇地回答。

"那么，我们再用第三个筛子。请问，使你如此激动的消息很重要吗？"

那人不好意思地回答："并不怎么重要。"

哲学家说："既然你要告诉我的消息，既不真实，也非善意，更不重要，那么就请你别说了吧！这样的话，它就不会困扰我和你了。"

有时候，我们着急要告诉别人的事情，也像这个人要告诉哲学家的消息一样，对自己对别人一点儿好处也没有。如果我们先用"真实、善意、重要"这三个筛子过滤一下我们要说的话，我们就会发现，很多话其实根本不必说，也不用说。

语言是一把双刃剑，当我们兴冲冲地去对别人说三道四时，我们自己本身也会受到伤害，只是我们自己没有发现而已。学习掌管好自己的舌头吧，不要让它任意妄为。你会发现：如果你喜欢在言辞上与别人争斗，你永远也得不到安宁；当你管好自己的嘴，你就能管好自己的生活。

◆ 最好避免争论，就像避免战争或毒蛇

"永远避免和别人正面的冲突。"这一教训非常重要。有个喜欢辩论的学者，在研究过辩论术、听过无数次的辩论，并关注它们的影响之后，得出了一个结论：世上只有一个方法能从争论中得到最大的利益——那就是停止争论。你最好避免争论，就像避免战争或毒蛇那样。

你永远不能从争论中取得胜利，如果你辩论失败，那你当然失败了；如果你得胜了，你还是失败了。这是因为，就算你将

他驳得体无完肤，一无是处，那又怎样？你使他觉得自惭形秽、低人一等，你伤了他的自尊，他不会心悦诚服地承认你的胜利。即使他表面上不得不承认你胜了，但他心里会从此埋下怨恨的种子！

波音人寿保险公司为他们的推销员立下一条规则："不要争论！"真正完美、有效的推销，不是靠争论得来的，甚至最不易让人觉察的争论也要不得，因为争论并不能让人改变自己的意愿。

曾有一位名叫杰克的爱尔兰人，他受的教育很少，但很喜欢与人辩论不休。他当过司机，后来又做汽车推销员，但他没有一次能成功地卖出一辆载重汽车。虽然，他十分想把汽车卖给顾客，但如果一位未来的买主对他出售的汽车说出任何贬低的话语，他就会恼怒地打断那人的话头，大声地为自己的汽车辩护。当然，他的确胜过不少辩论。后来他对培训部的经理说："我常无可奈何，我又教给那些人一些东西，但他们并没有因此而买下汽车。"

培训部的经理摸透了杰克的实际情况，便教他如何保持克制，以避免和别人发生冲突。要知道，杰克不久便成为纽约怀特汽车公司的一位推销明星了，他是如何成功的呢？这是他自己的说法："假如现在我去向客户推销汽车，如果他说：'什么？你们的汽车？你白送给我，我都不要，我要买赛伦牌的车。'我便告诉他赛伦牌的确是一种好卡车，如果你买那种牌子，那肯定错不了。赛伦牌为一家十分可靠的公司所制造，推销员也很优秀。这样他就无话可说了。如果他说赛伦牌最好，我同意他的说法，他总不能整个下午一直说赛伦牌最好了。然后我们离开这个话题，我开始给他介绍我们的卡车的优点。"

正如充满智慧的富兰克林所说："如果你辩论、争强，你或许会获得胜利；但这种胜利是得不偿失的，因为你永远无法得到对方的好感。"

因此，你要自己好好权衡一下，你想要什么？只图一时口才表演式的快感，还是一个人的长期好感？

在你进行辩论的时候，你也许是绝对正确的。但从改变对方的思想上来说，你大概一无所获，一如你错了一样。

人有好口才不是坏事，但运用不当则会坏事。把"逞口舌之快"当成一种"快乐"，这是这种人最大的悲哀。要时刻牢记：逼人不可太甚，给自己留条后路。你给对方留有一定的余地，对方也会因此而心存感激，来日自当图报，就算不如此，也不太可能再度与你为敌，这是人性。不留余地，伤了对方，有时也连带伤了他的家人，甚至毁了对方，这有失厚道。人海茫茫，但却常"后会有期"，你今天得理不饶人，焉知他日不狭路相逢？若届时他势旺你势弱，你就有可能吃亏，给别人留有余地，这也是为自己留后路。

◆ 放宽心胸，莫争是非

寺庙中的两个小和尚为了一件小事吵得不可开交，谁也不肯让谁。第一个小和尚怒气冲冲地去找方丈评理，方丈在静心听完他的话之后，郑重其事地对他说："你说的对！"于是第一个小和尚得意扬扬地跑回去宣扬。第二个小和尚不服气，也跑来找方丈评理，方丈在听完他的叙述之后，也郑重其事地对他说："你说的对！"待第二个小和尚满心欢喜地离开后，一直跟在方丈身旁的第三个小和尚终于忍不住了，他不解地向方丈问道："方丈，您平时不是教我们要诚实，不可说违背良心的谎话吗？可是您刚才却对两位师兄都说他们是对的，这岂不是违背了您平日的教导吗？"方丈听完之后，不但一点也不生气，反而微笑地对他说："你说的对！"第三位小和尚此时才恍然大悟，立刻拜谢方丈的教诲。

以每一个人的立场来看，他们都是对的。只不过因为每一个人都坚持自己的想法或意见，无法将心比心、设身处地地去考虑别人的想法，所以没有办法站在别人的立场去为他人着想，冲突与争执也因此就在所难免了。如果能够以一颗善解人意的心，凡事都以"你说的对"来先为别人考虑，那么很多不必要的冲突与争执就可以避免了，做人也一定会更轻松。

因此，凡事都要争个是非的做法并不可取，有时还会带来不必要的麻烦或危害。如当你被别人误会或受到别人指责时，这时如果你偏要反复解释或还击，结果就有可能越描越黑，事情越闹越大。最好的解决方法是，不妨把心胸放宽一些，没有必要去理会。

比如对于上班族来说，虽然人和人相处总会有摩擦，但是切记要理性处理，不要非得争个你死我活才肯放手。就算你赢了，大家也会对你另眼相看，觉得你是个不给朋友余地、不尊重他人面子的人，以后也会防着你，于是你会失去真正的朋友。而且被你损了尊严的同事，还可能对你记恨在心，这样你就无意中多了许多敌人，这样做人岂不太傻了吗？

不要试图把是非对错争个明白，做一个聪明的老实人吧！不要理会别人的挑衅，你只要做好自己就可以了，聪明人是绝不会为了别人说什么就去斗个头破血流的。

◆ 接纳别人的不同观点，实际是在充实自己

大多数人都有一种观点，就是：天下之人，唯我独好，唯我独对，其他人都有缺点和错误。事实上，任何人都有缺点和错误，你否定别人就等于在否定自己。固执地否定他人的人是不能容纳他人、心胸不够宽大的人。

禅界有这样一个故事。

有一天，佛光禅师开讲禅门真诠以后，学僧甲向禅师禀告道："老师，生死事大，要了生脱死，唯有念佛往生净土，故弟子想要到灵岩念佛道场去学念佛法门。"

禅师听后，非常高兴地回答说："很好，你去学净土念佛法门回来，能让此地佛声不断，使我们的道场真正成为莲华世界。"佛光禅师话刚说完，学僧乙起立合掌禀告说："老师，戒住则法住，佛门没有比戒律再重要的事，所以我想到宝华山学戒堂学律法。"

禅师听后，也很高兴，说："很好！你学律回来，能让我们大家都具有三千威仪，八万细行，真正成为一个六和僧团，真是太好了。"

佛光禅师话音未落，学僧丙亦整衣顶礼说道："老师，学道莫如能即身成就，弟子思前想后，急于到西藏学密宗去。"

禅师淡淡一笑，答道："很好！密宗讲究即身成佛，等你学密回来，影响所及，我们这里一定有许多人成就金刚不坏身。"

听了佛光禅师和众学僧的对话，一旁的侍者很不以为然，非常不满地问道："老师，您老是当今一代禅师，禅是当初佛陀留下的以心印心的法门，成佛作祖，没有比学道参禅更重要的事，他们应该留下来跟您学禅才对，您老怎可鼓励他们走呢？"

佛光禅师听后，哈哈大笑，说道："我还有你啊！"

佛光禅师是怎样做到大肚能容天下之事的？

我们都知道这样一个生活常识：倾听和宽容使我们更富于智慧，这同时让我们在生活中显得更精明——固执地否定他人是很不可取的。要努力地创造自己成功的生活，就应学会照顾他人。但做起来，我们发现这真的很难。我们会发现，为我们一致的看法找根据总是更容易；而要照顾乃至捍卫与我们相反或不同的意见时，却是十分困难。

与人争论时，我们的目的一般也只是想证明自己是对的，而别人是错的——不是为了增加我们对问题真正的了解和认识。

实际上，我们每个人随着年龄的增长，都或多或少会有一些偏见。其中，最明显的偏见是对与自己意见不同的人感到害怕和怀疑，心底里恐惧这会侵犯到我们。然而，随着我们的成熟和经验的增多，我们可能会慢慢发现：其实，宽容他人会带给我们更多。

对观点不同的看法做到宽容，意味着要有很大的灵活性，要用更开阔和更合理的认识来改变或修正我们的心灵。

我们如何像佛光禅师那样有宽阔的胸怀，从容地对待生活中的不同利益追求、意见和看法呢？

请看这样一个话头（话题）：我一直有的，是谁？

答案很简单："我"自己。

悟出了，请哈哈一笑：大家各自有自己，各人的事情各人办，各人的事业各人干，何其公平。

你的心里，是不是放下了太多"介意"的东西？

正如佛光禅师的度量风范：一个心灵的自主者，可以积极地接纳和鼓励其他人、其他观点。

允许和肯定别人是一种睿智，也是一种度量，容纳别人的不同观点，实际是在充实自己。

辑四

浅浅前行，境与心转享安然

9. 愿心平和，
把自己放在一个恰当的地方

平和者，一辈子如饮茶，水是沸的，心是静的。浅斟慢品，闲敲棋子看落花，视尘世浮华如水雾，饮出无限的优雅。

◆ 在任何人面前，都不要让优越感膨胀

如果一个人总是把他的优越感摆在别人面前，那是一种无礼、无智，以势压人的愚蠢行为。而且最终只会遭到他人的攻击和唾弃。

每个生命都是值得尊重的存在，都有令人感动的地方，这种莫名其妙的优越感只能彰显自己的幼稚与肤浅。一个懂得人生的人，绝不会轻易去否定或忽略一个人，因为任何一个生命都有别人不可超越的价值和特质。而拥有这种心理的人也一定是一个品德高尚的人。

有一年冬天，在一个寒风凛冽的夜晚，有一位老人正在河口等待渡河。

一个接一个的骑士从他身边经过，但是他都没有开口求助。当最后一个骑士过来时，老人终于开口了，说："先生，您能不能载我到对岸去？"这位骑士愉快地答应了，他不仅把老人载过了河，还送他到几英里外的目的地。

快到时，这位骑士好奇地问："先生，我注意到您眼睁睁地看着前面几个骑士经过，而直到我来时您才来求助，这是为什么呢？"

老人不慌不忙地回答："我很会看人的，我看其他骑士的眼光，马上就了解到他们根本就不关心我的状况，他们都有着一种贵族的优越感，而对于卑微的我他们甚至有一种不屑和嫌弃。但是当我看您的眼光时，很明显地找到了仁慈和怜悯。"

这位骑士不是别人，正是美国历史上的第三位总统——托马斯·杰斐逊。

托马斯·杰斐逊出身贵族，接受过最好的学校教育，又极富卓越的思想和才能，为美国社会做出了杰出的贡献，但他却没有丝毫的优越感，而总是以仁慈的心对待每一个卑微的人，他是一个懂得生命的人，所以才被尊为"人民的人"。

不可否认，人们的出身、教育、能力、外貌总是存在差别的。但并不是说你的这些优越性可以拿来当作伤害别人的工具，杰斐逊的修养、仁慈，造就了他崇高的地位并得到了整个国家的尊重。我们都是平凡人，虽然无法得到杰斐逊所拥有的，却至少可以让自己毫无优越感地待人接物的良好修养为自己赢得良好的生存氛围。

◆ 谁都不要小瞧，更不要自视太高

虚怀若谷的人懂得山外有山、人外有人的道理。所以，他们永远都不会自视高人一等。而是越是高贵就越是知道自己的不足，就越会平易近人。

寺院里有一个弟子曾问他的师傅："师傅，你掌握的知识比我多许多倍，可是为什么你对自己的解答总是有点怀疑呢？"

禅师用锡杖在沙土上面画了个大圆圈，又画了个小圆圈，然后说："大圆圈的面积代表我掌握的知识，小圆圈的面积代表你掌握的知识，这两个圆圈以外的地方就是你和我无知的部分。因为大圆圈比小圆圈大，因而接触的无知的部分也比小圆圈多，这就是我常常怀疑自己的原因。"

所以，越是低调的人，越是有真才实学、才能卓著的人，这样的人可谓人之楷模。罗斯福就是这样的一个人。

罗斯福是个使仆人都喜爱他的人。他的那位黑人男仆詹姆斯·阿默斯就曾写过一本关于他的书，取名《西奥多·罗斯福——他仆人的英雄》，阿默斯在书中写了这样一段富有启发性的话：

"我妻子有一次问总统关于鹑鸟的事，因为她从未见过鹑鸟，于是总统详细地描述了一番。不久以后，一天，我们小屋里的电话铃响了。我妻子拿起电话，才知道是总统本人打来的，他特意来告诉她，我们屋子窗口外面正好有一只鹎鸟，如果她往外看，就能看到。罗斯福时常做这类小事。每次他经过我们的小屋，如果看不到我们，他就会轻轻地叫着'安妮'或'詹姆斯'，这是他表示友好的一种招呼习惯。"

一个日理万机的总统能做到如此平易近人，仆人怎能不喜欢他呢？

有一天，卸任后的罗斯福到白宫去做客。不巧的是，塔夫脱总统和夫人都不在。这时，他那种真诚对待身份卑微的人的态度完全体现出来了：他同所有的白宫旧仆人打招呼，而且能叫出每个人的名字，连厨房里的仆役也不例外。

当他见到厨房的阿丽丝时，问她是否还烘制玉米面包。阿丽丝回答，她有时为其他仆人烘制一些，但是楼上的人都不吃。

"他们的口味太差了，"罗斯福颇为不平，"等我见到总统的时候，我会这样告诉他。"

阿丽丝端出一块玉米面包放在盘子上给他，他端着盘子一面吃着一面向办公室走去，经过园丁和工人的身旁时，还不断跟他们打招呼……

"他对待每一个人，还和以前一样。"仆人们互相低声讨论着。而一名叫艾克·胡佛的仆人眼中含泪地说："这是近两年来我们唯一的愉快日子，我们任何人都不愿拿这个美好的日子去换一张百元钞票。"可见，大人物之所以成为大人物，就是因为他们

永远不会自视高人一等，使自己孤立起来。

而那些小人物之所以是小人物是因为他们自己所能画的圆太小，根本不知道更大的世界是什么样子。当他们看清那个世界时才知道自己的渺小。

一天，一位美国的阔太太来到法国一个城市游览。她在林荫道和草坪中散步时，忽然看见一个老头儿正在花坛里浇水。他是那样内行，那样勤恳操劳，他那一丝不苟的姿态，足以证明他是个上等的园丁。美国阔太太有一座私人花园，她想，这位法国老头儿真是百里挑一的好园丁。在美国恐怕出高价也很难找到，现在既然有幸碰上了，为什么不带他到美国去呢？

于是她问那位老头儿，愿不愿意赴美国去做她的园丁，她可以给他高于法国三倍的工资，还可以负担他的旅费。为了说服老头儿，她又把美国吹嘘了一番。仿佛那儿遍地是黄金，外国人去了人人都能发财。

"夫人，"老头儿很有礼貌地回答说，"真是不巧得很，我还有另外一个职务在身，一时离不开巴黎。"

"你统统辞掉吧！这些，我都会给你补偿的。你除了园丁，还兼职干什么工作呢？是兼营副业？是送牛奶还是养鸡？"

"都不是，"老头儿微笑着说，"我希望人们下次不要再选我，我就可以做你的园丁了。"

"选你做什么呀？"

"选我当……"

"你是……"阔太太在仔细端详了老头儿一会儿后不敢置信

地张大了嘴。

"我就是安里，我这个园丁兼着法国总统。"

一个人应该时刻提醒自己，不要自视高人一等，谁都不要小瞧。

◆ 当看到天空辽阔时，就想想自己的渺小

人们可以容忍很多，但不会容忍自大。

这个世界缺了谁都会照样精彩，这个地球没了谁也不会停止转动。不管你的事业多么成功，不管你把事务处理得多么井井有条、服服帖帖，都不要过高地估量了自己的位置。所以，不管未来会经历什么，还是让我们怀着一颗谦卑的心，否则，如果一味地相信自己的强大，那么总有一天会在自我陶醉中体味到跌落谷底的痛苦。

人到了一定岁数，无论是事业，还是财力，都有了不少的积累，这让我们很骄傲和自豪。随着职位在不断地上升，我们的家庭地位也得到了提升。这让我们觉得自己真的很重要，有些人甚至觉得，公司一旦没有了自己就不能正常运转，家里如果没有自己撑着，一定会是一团糟。其实，事情有的时候并不像我们想象的那样，这个世界没了谁都不会受到什么影响，如果有一天我们

中的谁消失了，地球还是会该怎么转就怎么转。尽管有时老板总是夸奖你精明能干，但是有一天你离开了，他的公司大概也不会受到什么太大的影响。如果你觉得家里没有你的照顾就会乱七八糟，那不如就做个试验，消失两天看看，当你重新推开家门的时候，或许你就会发现，原来人家的生活可以说是井井有条，甚至多了几分轻松自在。

当然，这不是说我们在这个世界上从此就没有价值了，只是顺便给大家提个醒，当你看到天空辽阔的时候，就想想自己的渺小，当你站在川流不息的人群中时，就想想自己的平凡。是的，即便你认为自己再强大，我们也不过只是个普通人，平平淡淡地生活，开开心心地过日子才是我们追求的目标。我们没有必要一定要把谁压过去，更没有必要端出一副没有我不行的架势。面对人生，谦卑是福，只有懂得谦卑的人，才能在这个世界上不断前进，不断地寻找到属于自己的人生价值。因为我们知道，自己的思想不是什么时候都正确，有些时候过分的自信是一种自负，它总是会把我们引向偏离正确轨道的另一个世界。

爱迪生说："有许多事我以为是对的，但是实验之后，我却错了，因此无论对任何事我都没有一种很自信的判定，如果某事临时让我觉得不对，我便可以马上抛弃。"一个人要具有随时能改变自己错误判断的勇气，这样才能使自己少犯错误。

不要说太过自信的话，这是一条很好的交际原则。假如你能坚持这一条原则，即使将来发现你曾经说过的话有错误时，也不必收回。你应该知道：你所表达的意见或信仰，毕竟还只是你个人的意见和信仰而已，而他人也还保留着他自己的意见与信仰，并且拥有取舍的权利。做到这一点，他人自然不会盯着你的错误不放，而你也不用为自己的面子而坚持错下去，这样一来，自然就避免了陷入唯我独尊的尴尬境地。

如果你的意见所依据的证据越不牢靠，就越容易导致武断和自以为是。过度的肯定，无非是想遮掩对自己意见的些许疑惑。假如你能够摆脱这种想法，就会养成"我和别人是平等的，我不应该用命令式而应该用协商式去和别人相处"的好习惯。

一位著名的心理学家曾经说过，男人和女人都不过是长大的小孩儿。

生理年龄无论有多大，也不可能事事都处理得娴熟自如，大人也会犯和小孩儿同样的错误。因此，人们在有些交际场合中，无意的失误是常有的事。有时不妨"有意破坏"一下自己的形象，拿自己开个玩笑，或"揭自己的短"，或许反而能够得到别人的喜爱，同时，还可以调节一下气氛，让别人觉得你平易近人。

在日常生活中，我们如果抛弃了唯我独尊，会得到意想不到的好处，而凡事逞强好胜的人，则往往不会受到欢迎。那些姿态高的"强人"们往往由于缺少人情味而让人们敬而远之，正所谓"人外有人，天外有天"，谁也不可能一直是常胜将军。自负的人习惯沉浸于虚无的胜利幻想中，他们往往因为一次的成功就自我满足，眼前闪现的永远是早已逝去的鲜花与掌声。他们把别人给

予他们的荣誉看作理所当然，不能静下心来想一想自己做了些什么，收获了什么。总认为曾经的成功能长久，总认为他人一直会甘拜下风。因此，他们自视清高、目中无人，更有甚者非但自己不思进取，还伺机嘲讽别人的努力，最终会因无法承受长期形成的心理压力，导致心理的扭曲。

唯我独尊的人往往把自己看得很重，在他们的视野内，没有人可以与自己相提并论。不可否认，在此其中很多人确实有才华、有能力，但是他们目空一切、自大自满，于是不求进步，最终导致了人生的失败。可以说，恃才傲物是他们的显著特征，他们孤芳自赏，不愿与人交流，故步自封，最后难免导致悲剧性结局。

当今时代的竞争就是性格的竞争，具有唯我独尊性格的人即使才华满腹，如不知克服性格缺点的话，也很难成功。我们只有坚定地采取谦卑的态度去经营自己的生活，经营自己的人生，才能搬开前进道路上由自己设置的那颗过于"自我"的绊脚石，才能更和谐地和大家相处在一起，才能真正拥有属于自己的那份从容和幸福。

◆ 抹掉骄矜之气，放下身上架子

　　有些人，生怕别人看不起自己，所以总在人前摆着一副高傲的架子。却不知越是这样，别人越会对他皱起眉头。其实，在与他人交往的过程中，大家还是喜欢和那些谦虚谨慎、随和友善的人做朋友。作为一个成熟的人，我们一定要克制住自己内心的那种自命不凡的高傲，因为只有放下架子，你才能看到这个世界上最真实的自己，才能够得到更多人的认同和友谊。

　　五代时，骁将王景有勇无谋，凭一身武艺为梁、晋、汉、周四朝效力，做到了节度使，宋初被封为太原郡王，死后被追封岐王。他的几个儿子也和他一样，除骑射之外别无所长。大儿子王迁义跟随宋太祖打天下，功不大，官不高，却自以为了不起，好夸海口，经常抬出他父亲的大名来炫耀，逢人便宣称"我是当代王景之子"。人们听着好笑，都称他为"王当代"。

　　这样的人在现实生活中还是经常能看到的。具有骄矜之气的人，大多自以为能力很强，很了不起，做事比别人强，看不起别人。由于骄傲，他们往往听不进别人的意见；由于自大，他们做事专横，轻视有才能的人，看不到别人的长处。

　　其实很多人都爱在人前摆摆架子，让人觉得自己是有身份的

人，很有学问也很有能力。这种高高在上的感觉让他们很有成就感，却不知自己的自得给对方带来了一种很不舒服的感觉。尤其在第一次见面的时候，过分地抬高自己，会让对方备受压抑，结果可想而知，人家一定会对你敬而远之，想进行更深一步的交流绝对是不可能的。

要想和别人交朋友，首先就要懂得放下自己的架子，用谦卑的心去接近对方，感动对方。即便自己很优秀，也要表现出还有很多地方要向对方学习的姿态。只有这样，交谈的氛围才能更加和谐，你也更容易靠近对方的心灵。毕竟，这个世界上没有任何一个人喜欢跟自视清高、自以为是的人打交道。

据说有一位外国人早晨路过一个报摊，他想买一份报纸却找不到零钱。这时他在报摊上拿起一份报纸，扔下一张 10 元钞票漫不经心地说："找钱吧！"报摊上的老人很生气地说："我可没工夫给你找钱。"从他手中拿回了报纸。这时有又一位顾客也遇到类似的情况，然而他却聪明多了。只见他和颜悦色地走到报摊前对老人笑着说："你好，朋友！你看，我碰到了一个难题，能不能帮帮我？我现在只有一张 10 元的钞票，可我真想买您的报纸，怎么办呢？"

老人笑了，拿过刚才那份报纸塞到他手里："拿去吧，什么时候有了零钱再给我。"

第二位顾客之所以会成功地拿到报纸，就是因为他付出了一份尊重，所以打动了人心，尽管他没付 1 分钱，却得到了报纸（当然，有了零钱还是要付的），这是因为人与人之间的关系不能仅仅用金钱来衡量。

按理说，第一位顾客也是愿意付钱的，但是他却没有意识到，由于自己没带零钱会给售报的老人带来找零钱这样不必要的麻烦，也就是说在除了报纸的价值之外，老人还必须向他提供额外的服务。而第二位顾客却清楚地意识到了这一点，并且特别为这一点向老人表示了自己的道歉和感激，而且非常有礼貌和涵养。这种礼貌和尊重使气氛变得十分友好和谐，接下来的协商也会就这样很顺利地完成了。

简简单单买一份报纸，在很多人眼里都是一件很平常的事情，但是就是从这样一件很平常的事情，我们就可以看出放低姿态对于一个人来说会收到多么大的效果。它能够拉近人与人之间的距离，能够让彼此的交谈更加融洽和谐，还可以在进一步的沟通中达到自己的目的。这就是社交的艺术，你没有必要一味地摆出一副高傲的架子，放下它，也许你将会得到更多。

越是摆架子，挖空心思地想得到别人的崇拜，你越不能得到它。能否获得别人的崇拜，取决于值不值得别人尊重，有无虚怀若谷的胸襟。

身处的职位越高，越要求你具备相应的威严和礼仪，不要摆架子，扮"黑脸"，"翘尾巴"。即便是国王，他之所以受到尊敬，也是由于他本人当之无愧，而不是因为他的那些堂而皇之的排场及其身份、地位。

真正有骨气的人并不看重自己手中的权力和财富，也不看重那些虚无缥缈的名利；而是用这些权力和财富去为更多的人造

福，为更多的人提供便利。架子与权力和金钱无关。一个只会靠端架子摆威风树立自己威信的人，那他最终只能成为一个孤家寡人，越活越辛苦，越活越没有意思。

◆ 谦虚做人，自信做事

要想做事，必须先学会做人，只有学会了做人，才能圆圆满满地做事。

春秋时期鲁国有个叫孟之反的人，官至大夫。有一次，鲁国与齐国交战，大败而归，鲁国军队争相撤退回城，逃命之相非常狼狈。孟之反独自率军殿后，当他最后一个撤入城门时，鲁国国君和同僚纷纷称赞他的勇敢，但是，孟之反却很谦虚地说道："不是我勇敢，只是我的坐骑太累了，怎么样鞭打它也不肯走！"孔子对孟之反称赞有加，而他的那句"非敢后也，马不进也"就是对谦虚做人、自信做事最好的诠释，令后世之人纷纷效仿。

东汉同样有这样一个人，他的名字叫冯异。

冯异戎马一生，驰骋沙场几十年，战功卓绝，乃汉光武帝刘秀中兴时期的一员名将。但冯异其人有这样一个特点——每次战斗结束以后，诸将并坐论功行赏之时，他为了避功，将封赏让给自己的部下，总是独自坐在大树下读书思过。因为他的这一举动，军中将他敬称为"大树将军"。冯异有帅才，不骄不躁，虽然战功勋勋，但仍非常低调。

汉更始元年（23），时为大司马的刘秀率部将王霸、冯异等人历经艰险，攻克邯郸城，擒斩王昌，平息叛乱。冯异在邯郸之战中表现尤为突出，他不畏艰险，克服重重困难，夜不眠休，为夜宿河北晓阳地区的刘秀大军筹措军粮，熬煮稀豆粥，帮助将士解除饥寒，保持战斗力的充沛。

刘秀率军行至南宫时，天不作美，骤降大雨，寒潮之气令人发颤，军士瑟瑟。又是冯异四处奔波，找来大量柴薪引火，让将士取暖烘衣，又送上散发着香味与热气的粥饭，使军士衣干腹饱，重上战场。

邯郸一战，刘秀大获全胜。战后他表彰冯异"功勋难估，当为头功"。然而，正当刘秀召集众将领盘坐旷野、论功行赏之时，军士熟悉的一幕又出现了——冯异离开众人，找到一棵老槐树，坐下来聚精会神地读起了《孙子兵法》。刘秀只得吩咐侍卫将冯异连拉带拽地请到身侧，可冯异仍拒不受赏，实在推脱不过，他便极力将功劳推给自己的一位部将，令这位部将感激涕零。刘秀见到这种情况，又以大量金银为赏，冯异却毫不保留地分给了邯郸之战中表现勇猛的士兵。

很多人在爬到一定高位时，不是居功自傲，便是骄横跋扈、盛气凌人。其实，宇宙之大、人际之繁，一人之功、一己之才，相对而言又算得了什么？做人若能如孟之反、冯异那般，做事的

时候向前冲，力求将事情做到最好，功成以后保持谦虚，不与人争，才真的令人敬佩。

其实，人生于世，立身之根基不外乎两样——做人、做事，然而要打好这两大基础则绝非易事。做人之难，难在对情绪的掌控、对人生的参悟、对欲望的控制；做事之难，难在衡量，难在从复杂的利益与矛盾中寻找一个平衡点，难在得到众人的认可。那么，既然做人难，做事亦如此难，我们又该如何是好呢？这就要求我们在做人方面严于律己、谦虚谨慎、淡泊名利、不事张扬；在做事方面追求创新、力求卓越，不断提升对于自身的要求。若是能将二者相融合，使其相辅相成、相得益彰，我们就能够获得一片广袤的天地，成就一个多彩的人生。

◆ 在人之上，要视别人为人；在人之下，视自己为人

人生而平等，根本没有高低贵贱之分。我们没有权力借后天的给予对别人颐指气使，也没有理由为后天的际遇而自怨自艾，在人之上，要视别人为人；在人之下，视自己为人。这是做人的一种基本姿态，也是为人的原则。

因此，在任何时候，我们都应该摒弃对他人的狭隘与偏见，平等地待人。

玫琳·凯是美国著名的管理专家，在她成名之前曾是一家化妆品公司的推销员。

有一次，她参加了一整天的销售练习，很渴望能和销售经理握握手，因为那位经理刚刚作了一篇十分鼓舞人们士气的演讲。玫琳整整排了3个小时的队，好不容易才轮到她和那位经理见面。但遗憾的是，那位经理根本没有拿正眼看她，只是从她的肩膀上方望过去，看看队伍还有多长，甚至根本没有察觉他要与玫琳握手。玫琳等了3个小时，就获得了这样的一个接待！她觉得人格上受到了侮辱，自尊受到了伤害。于是她立志做一个经理："如果有一天人们排队来和我握手，我将给每一个来到我面前的人全然的注意——不管我当时多么疲劳！"

后来，玫琳·凯的愿望真的成为了现实。以她自己名字命名的化妆品公司终于成为一家具有相当规模的大企业，也有很多她的慕名者来找她握手，她确实始终坚持她以前曾发过的誓言。她说："我有很多次站在长长的队伍前，与各种人士作长达数小时的握手，一旦感觉疲劳了，我总是想起自己从前排队和那位经理握手的情形，一想起他不正眼瞧我给我带来的伤害，我立即打起精神，直视握手者的眼睛，尽可能地说些比较亲近的话……"

在人之上，要视别人为人；在人之下，要视自己为人。这不仅是一个心态的问题，也是一个道德问题。其实，一个人对另一

个人的态度在现实生活中的重要性是不言而喻的。

一天晚上，闲着无事的艾森豪威尔在营帐外散步。他看见一个士兵正在营帐背后黯然神伤，便走了过去，"嗨，看来我们是同病相怜啊，我的心情也特别不好，我们可以一起走走吗？"士兵看到艾森豪威尔的突然出现，原本很紧张，可万没想到这位尊敬的将军竟在他最需要朋友倾诉的时候会来邀他散步。自然他感到万分荣幸，他们的谈话也很放松。用这位士兵的话说："那天晚上他不再是指挥千军万马的将军，我也不再是默默无闻的小兵，我们是无所不谈的朋友。"正是那次谈话，使这个一向都很悲观的士兵乐观了起来，在以后的战斗中显示了出奇的英勇。

英国女王维多利亚作为英国皇权至高无上的拥有者，一向就很傲慢。

一次，在和丈夫阿尔伯特亲王发生激烈口角的时候，也流露出了居高临下的语气，伤害了亲王作为男性的尊严。为了表示不满，亲王一句话也没有说就进了自己的房间，并把门紧紧地关了起来。几分钟之后，有人来敲门了。

"谁？"亲王气呼呼道。

"我，快给英国女王开门。"维多利亚依旧傲慢地回答。

阿尔伯特一听，心里就不大受用，更别说开门了。隔了许久，敲门声再次响起，但这次温柔了许多，还听到一个声音轻轻地说道："阿尔伯特，是我，维多利亚，你的妻子。"

房门打开了，怨气全消的阿尔伯特站在门口，两个人终于重归于好。

维多利亚女王把宫廷里的那一套架势拿到两个人的世界来运用显然是错的。处于劣势地位的人们原本就很敏感，任何一点点异常的举动都会引起他们极大的注意，就像人们常说的那样，在矮个子面前别说短话，处于高位的人要照顾底下人的情绪。同时，处于卑微地位的人们更应树立起自尊自强的信念，因为很多时候，如果连你自己都看不起自己的话，又怎么能让别人看得起你呢？

松下幸之助在给他的员工培训时曾有过这样的一段论述："不怕别人看不起，就怕自己没志气。人须自重，而后为他人所重。应该让人在你的行为中看到你堂堂正正的人格。"当然，自重并不仅在于不自卑，也在于不要在行为表现中玷污甚至丧失人格。

著名的成功学者戴尔·卡耐基在谈到人际交往时也曾提道：过分自卑，缺乏自信心的人，对人际关系谨小慎微、过于敏感的人，对他人批评过分的人以及完成工作任务后过分自夸的人等，都影响与他人交往。卡耐基曾指出："指责和批评收不到丝毫效果，只会使别人加强防卫，并且想办法证明他是对的。批评也很危险，会伤害到一个人宝贵的自尊，伤害到他自己认为重要的感觉，还会激起他的怨恨。"所以，他建议不要指责别人，而要："尝试着了解他们，试着揣摩他为什么做出他做的事情。这比批评更有益处和趣味，并且可以培养同情、容忍和仁慈。"

富兰克林说他做外交官成功的秘诀是："尊重任何交往对象。我不会说任何人的缺点，我只说我认识的每一个人的优点。"

◆ 所谓幸福，就是拥有一颗感恩的心

有一个短信是这样写的：所谓幸福，是有一颗感恩的心，一个健康的身体，一份称心的工作，一位深爱你的爱人，一帮信赖的朋友，当你收到此短信，一切随时拥有。

这条短信把一颗感恩的心列为人生幸福的第一个条件。每个人都在享受着自然和他人带来的恩惠，同时，人们也用感恩激发的善心与善举回报着他人和社会。做人做事，如果人们都拥有一颗感恩的心，人们的心态就会更平和，人生就会更快乐，事业就会更顺利。社会就是这样一个链条：你爱别人，别人爱你；你感恩别人，别人感激你。

感恩节是西方的一个节日。1620 年，英国国内正进行教育清理，英国有 102 名清教徒因为受不了国内的压制和迫害，登上了五月花号船，不远万里来到美国。当时美国只有土著人、印第安人，这些移民到了新的大陆，人生地不熟，很不适应，正好赶上冬天，很多人饥寒交迫而死，最后只剩下 50 多个人。在这种情况下，当地的土著人，特别是印第安人主动帮助他们，教他们种

植庄稼、种植南瓜，教他们狩猎，同时给他们送来了一些生活的必需品，使得这50多个人生存了下来。

第二年，移民们开垦的荒地获得了丰收。这些人认为这是上帝对他们的恩赐，他们要举办一个活动来感谢上帝，在感谢上帝的同时，他们邀请当地的印第安人也来参加，他们准备了一些食品，燃起篝火，进行摔跤比赛。这就是美国第一个感恩节的由来。

从此之后，感恩节不断被历届政府所采纳，最后美国确定了每年11月的最后一个星期四为美国人的感恩节。在感恩节上，火鸡和南瓜饼都是必备的食品，这两味"珍品"体现了美国人民忆及先民开拓艰难、追思第一个感恩节的怀旧情绪。因此，感恩节也被称为"火鸡节"。

有一个歌星小有名气，她最初是从农村出来的，她的经纪人看到了她的潜质，就投入资金和心血为她创造条件，给她拉赞助，让她上台表演，经纪人还找到一些合作单位，对其进行包装。

这个歌星出名之后，把每一场演出50％的报酬分给经纪人，慢慢地她开始觉得不公平，想与经纪人结束合同。这时候，她的父亲，一位农村的小学教师，听说她在和经纪人闹矛盾，就到城市来劝她：你从一个一无所有的农村姑娘走到今天，都是因为你的经纪人，做人一定要知道感恩，不能忘本。这个歌星觉得父亲说得有道理，于是与经纪人恢复了良好关系，名气也越来越大了。

这个案例说明：每个人吃的、用的都来自于别人的贡献，如果没有农民的辛苦劳作，你为了吃上一个面包，必须去种地，去制造磨面的机器，去把小麦磨成面粉，还要制造烤面包的机器等。所以在吃面包的时候，要感谢很多人，感谢所有的环节。

乌鸦尚有反哺之义，羊亦有跪乳之恩。蜜蜂采花而去，嗡嗡的表白是感恩；葵花沐浴着阳光，微笑向着太阳也是感恩。

有的人总是抱怨生活，抱怨自己没钱、没工作、没才没貌、怀才不遇、生活不幸福、不快乐，其实这与他们没有具备感恩的心态有关。

10. 放慢脚步，
给生命一个喘息的机会

放松，才能过得轻松。不要让自己背负过多的压力。
拒绝不属于我们自己的担子，让自己做一下自己想做的事。

◆ 停一停生命的脚步，欣赏身边的美景

人生只有三天，活在昨天的人迷惑，活在明天的人等待，只有活在今天最踏实。但是，今天，你别走得太快，否则，将会错过一路的好风景！

现代人看起来实在太忙了，许多人在这忙碌的世界上过活，手脚不停，一刻不得空闲，生命一直往前赶；他们没有时间停一停、看一看，结果，使这原本丰富美丽的世界变得空无一物，只剩下分秒的匆忙、紧张和一生的奔波、劳累。

一天，一位年轻有为的总裁，以比较快的车速开着他新买的车经过住宅区的巷道。他时刻小心在路边游戏的孩子会突然跑到路中央，所以当他觉得小孩子快跑出来时，就要减慢车速，以免撞人。

就在他的车经过一群小朋友身边的时候，一个小朋友丢了一块砖头打到了他的车门，他很生气地踩了刹车后并退到砖头丢出来的地方。他跳出车，用力地抓住那个丢砖头的小孩，并把他顶在车门上说："你为什么这样做，你知道你刚刚做了什么吗？真是个可恶的家伙！"接着又吼道："你知不知道你要赔多少钱来修理这辆新车，你到底为什么要这样做？"

小孩子央求着说："先生，对不起，我不知道我还能怎么办？我丢砖头是因为没有人肯把车子停下来。"他边说边流下了眼泪。

他接着说："因为我哥哥从轮椅上掉了下来，我一个人没有办法把他抬回去。您可以帮我把他抬回去吗？他受伤了，而且他太重了我抱不动。"

这些话让这位年轻有为的总裁深受触动，他抱起男孩受伤的哥哥，帮他坐回轮椅。并拿出手帕擦拭他哥哥的伤口，以确定他哥哥没有什么大问题。

那个小男孩万分感激地说："谢谢您，先生，上帝会保佑您的！"

年轻的总裁慢慢地、慢慢地走回车上，他决定不修它了。他要让那个凹坑时时提醒自己："不要等周遭的人丢砖头过来了，才注意到生命的脚步已走得太快。"

当生命想与你的心灵窃窃私语时，若你没有时间，你应该有两种选择：倾听你心灵的声音或让砖头来砸你、提醒你！

有一位老人，年轻的时候汲汲营营，每天都工作超时，拼命地赚钱。

节假日，同事们带孩子度假，他却到小贩朋友的店铺帮忙，以赚取额外收入。原本计划在还完房屋贷款后，便带孩子们到邻近的国家玩玩。可是，三个孩子慢慢长大，学费、生活费也越来越高。于是他更不敢随意花钱，便搁下游玩一事。

大儿子大学毕业典礼后一个星期，夫妻俩打算到日本去探亲。可是，在起程前两天的早晨，醒来时，他突然发现枕边的老

伴心脏病发作，一命归天了。

这是怎样的遗憾？你是否也因为生活太快、太忙碌而忽略了你所爱的人呢？

其实，人不是赛场上的马，只懂得戴着眼罩拼命往前跑，除了终点的白线之外，什么都看不见。我们不必把每天的时间都安排得紧紧的，应该留下空闲来欣赏四周的风景，来关心身边的人。

◆ 慢下来，别让压力毁了你

人们常说："有压力才有动力。"适度的压力促使人们超水平发挥。它可以使我们心跳加快、呼吸加速、血压增加、加速血液循环，使我们能有效地对付或逃离危险。但是，长期处于压力之下，也会给健康带来隐患，如果你长期承受超负荷的压力，就会耗尽恢复元气的体力。中医很早就有"抑郁成疾""气滞血瘀"的说法，如何化解这些繁重的压力，让心灵放松，让自己体会到生活的快乐便成为现代人必须面对的新课题。

有位医生在替一位卓越的实业家进行诊疗时，劝他多多休息，因为他的健康已经受到了严重的威胁。"我每天承担着巨大的工作量，没有一个人可以分担一丁点的业务。大夫，你知道吗？我每天都得提一个沉重的手提包回家，里面装的是满满的文件呀！"病人无奈地说道。

"为什么晚上要批那么多文件呢？"医生惊讶地问。

"那些都是必须处理的急件。"病人不耐烦地回答。

"难道没有人可以帮你的忙吗？助手呢？"医生问。

"不行呀！只有我才能正确地批示呀！而且我还必须尽快处理完，要不然公司怎么办呢？"

"这样吧！现在我开一个处方给你，你能否照着做呢？"医生思考了一会儿说。

处方规定：每天散步两小时；每星期空出半天时间到墓地去一趟。

病人莫名其妙地问道："为什么要在墓地待上半天呢？"

医生不慌不忙地回答："我是希望你四处走一走，瞧一瞧那些与世长辞的人的墓碑。你仔细思考一下，他们生前也与你一样，认为全世界的事都得扛在双肩，生活的幸福就是要靠他们一刻不停地工作来获取的，如今他们全都长眠于黄土之下，也许将来有一天你也会加入他们的行列。然而，整个地球的活动还是永恒不停地进行着，而其他世人则仍是如你一样继续工作。我建议你站在墓碑前好好地想一想这些摆在眼前的事实，看清楚你以健康为代价换来的生活是否让你觉得幸福。"

医生这番苦口婆心的劝说，终于敲醒了病人的心灵，他依照医生的指示，放慢生活的步调，并且转移了一部分职责。他知道生命的真谛不在于急躁或焦虑，他的心态已经平和，健康得到了改善，当然事业也蒸蒸日上。

日有日的规律，月有月的循环，年有年的往复，万事万物都有它自然的节奏，我们的身体也不例外。可以说，生物节律与我们的健康关系十分密切。人和自然是统一的整体，存在着神秘而微妙的对应关系，我们的生理活动随着昼夜交替、四季变化，也在进行着周期性的节律活动。

现代生活节奏不断加快，我们也在加快着自己的步伐，对于工作想用最短的时间获取最大的收获，对于娱乐休闲也想依此处理。然而，我们得到的却是越来越重的压力，似乎有永远也处理不完的事务、短暂而且无益的休闲、混乱的生物钟、提早衰老的身体……

随着健康的远离，我们甚至没有时间停下来想一想，生活的真谛在哪里？我们不否认"人应该努力工作"，但是在追求个人成就的同时，不应该舍弃自己的健康，否则就称不上高品质的生活。工作的同时也要学会娱乐，什么时候你学会为自己减压了，才能真正过上快乐幸福的生活。

◆ 告别繁重的工作，合理规划未来

在竞争如此激烈的社会里，人们无时无刻不绷紧了一根弦：努力工作，仿佛如果他们稍有松懈停下来时，就会被淘汰掉一样。其实，这只是一种不必要的压力而已，只有首先懂得从外在压力之中解脱出来，给自己安排一个合理的规划你才能在未来的竞争中获得胜利。

回忆一下自己每天的状态：

除了节假日（有时也包括），你是否从来都是天还未亮就离开家去赶早班的公交车？

上班的日子里，你几乎从不奢望在正常的下班时间，比如16：30和17：00、17：30能离开公司？

最近你加班加点的时间越来越多了，甚至不得不把工作带回家来做，可是除了疲惫你没有丝毫的成就感？

回到家中，你还有精力和自己家人聊天吗？

你的颈椎和腰部是否在最近时常酸痛呢？

你失眠吗？或者干脆把脑袋搁在办公桌上就算"睡"了一夜。

除了对你的电脑或是网络游戏产生兴趣外，你再也不希望走出家门或邀请朋友一起聊天、旅游了。

如果对于上述的问题，你已经有了明确和肯定的回答，哪怕只有一两条，我也可以告诉你，你工作的已经太多了。

也许你会无奈地说，我受雇的是属于高度竞争的行业，如果不超时工作的话就无法赢过别人，无法在职业竞争中获得一席之地，所以就必须全力以赴，别无选择。可事实是，你有所选择，却不得不这样做。工作的过多意味着你要投入更大的体力和精力。如果总是陷入繁重的工作中挣脱不出，早晚有一天你的精神

和身体会同时抗议甚至崩溃，这绝不是危言耸听。

在工作中，你是不是总是感觉到胸闷、心悸或者一种疼痛突然地涌上心头？你是不是精神恍惚，记不清什么好像十分重要的东西？你是不是疲劳的每天依赖药物和补品才觉得生命得以维持下去？你是不是总是一不小心就在自己的指头上切个小口子却过一会儿才发觉疼痛？

看，你因工作的压力过大而表现出来的生理现象有多可怕！如果你不及时留心自己的这些身体警报，总有一天会有惨剧降临在你的身上。到了那个时候就难以挽回了。

清算一下你的工作任务和时间，真的有值得为它们牺牲所有之处吗？是不是你对自己有太多的要求呢？还是原本你的老板就要求你成为他们的工作机器？

对待前两个问题你需要坐下来重新审视一下自己，考虑一下到底不满足和有所需求的地方在哪里。至于最后一个问题你要毫不犹豫地炒了这位老板的鱿鱼，另找新东家或干脆为自己卖命，因为把身家性命放在自己身上要划算得多。

在职场上，想要让自己永远像个不知疲倦的机器人，你干脆直接喝汽油算了。一个人，有的只是血肉之躯，不是钢筋铁骨。消耗生命是件太容易不过的事，不过，壮烈"牺牲"在繁多的工作下，响应"过劳死"的号召真的是做了一件愚蠢至极的事情。

当你的伴侣、同事和朋友对你说"伙计，别那样，放轻松点"时，拜托，千万要接受。如果你真的不想被压倒在工作之下。

几乎没有人是天生的工作机器。如果工作程度果真超出了自己的承受范围时，聪明人是不会让自己拼命去赶上进度和步伐的。相反，他们却想方设法让工作跟上自己的节拍。实在不行，干脆放弃，"以退为进"，反思自己，选择另一条路。他们懂得，唯有暂时放下一些东西才会有所收获，错过太阳，你照样可以得到整个星空。

曾经有个年轻的建筑师，每天不得不拿出自己全部的时间和精力来完成老板交代的看起来似乎永远都做不完的工作任务。他用尽了心思，但却无法从自己的作品中得到任何快乐和成就感，相反，总有要崩溃的感觉。原因是无论他如何努力，他都无法超越前辈们出色的建筑设计，只能跟在大师后面亦步亦趋。

在他沮丧了一段时间后决定放下手头繁多但收入丰厚的工作，带上所有积蓄去游览全世界的著名建筑。

当他跋山涉水走过一个又一个城市，游览了一个又一个国家的雄伟建筑，最后来到金碧辉煌的泰姬陵时，他被彻底地征服了。

从此后，他的灵感如泉水般喷薄而出，完成了一个又一个出色的建筑设计。

这个年轻人也因他的这些心血的结晶而闻名于世了。

人们在工作中如果要有所得，就不要给自己背上过多的包袱。否则，当连你自己都觉得自己是一部机器而不是一个人的时候，别说还有什么发展前途，你基本上已经完了。

我们常常认为自己能胜任，能做的更多，能人所不能，凭这

点也可以让老板对你青睐有加。可是你错了，当生命被繁重的工作圈固起来时，外面的世界也就不会对你美好地微笑了。你会在一点一滴地浪费自己的时间。如果你有清醒的头脑挣脱出来时，会惊奇地发现，世界或许会变得有你努力的方向了，那么，为什么不趁现在去求得更大范围的发展呢？

现在，让我们深呼吸一下，对待面前堆积如山的工作，要这样：

确认工作的重要性，挑选值得自己为之付出心血和汗水的工作扎扎实实地认真完成，"不合格"的统统靠边站。

烦琐的工作要么请求别人帮忙完成，要么用"比赛法"将它解决掉。即你准备上午完成多少，下午要比上午完成得多，第二天上午要努力比昨天全天完成得多……这样的话，用不了多久恼人的活儿就会向你缴械投降，然后你就可以不动声色地腾出一大块时间用来休息了！

重新研究你的工作周期，选择今天最有精神的时间去完成工作，以保证高效率，并且不要轻易放弃这个周期。

找到真正适合自己的公司。你要对你自己负责而不是替公司卖苦力。

学会对老板说"不"。当老板看到你已经把日程表安排得满满的他（她）就不会经常让你做这做那了。当然，如果他（她）没看到的话就要主动让他们知道。

对繁重的工作说再见吧，要知道，工作的数量并不能让你快乐，要紧的是它的质量是否令你满意。学会放弃，学会选择，你

离你的人生目标就会更接近一步。别把自己迷失在多做了工作的压力之中了

◆ 想要活得幸福些，就需要活得随意些

成功是我们一生追求的目标，可是在人生的路上，衡量成功还是失败绝非只有结果这个唯一的标准，而且我们还应该考虑一下，我们盯着这个"成功"付出了怎样的代价，是得大于失，还是失大于得。

一位天文学家每天晚上外出观察星象。

一天晚上，他在市郊慢慢前行时，不小心掉进一口枯井里。他大声呼救。

正巧一个过路的和尚听见了，急忙赶过来救他。和尚看见天文学家的狼狈样，不禁感叹道："施主，你只顾探索天上的奥秘，怎么连眼前的普通事物也视而不见了？"

那位天文学家却说："对于我而言，探索到天上的奥秘是我的梦想，也标志着我人生的成功。"和尚只有无奈地摇头。

对成功的定义，应该说是仁者见仁，智者见智。有的人认为腰缠万贯才是成功，可是财富却往往与幸福无关。纽约康奈尔大学的经济学教授罗伯特·弗兰克说：虽然财富可以带给人幸福感，

但并不代表财富越多人越快乐。一旦人的基本生存需要得到满足后，每1元钱的增加对快乐本身都不再具有任何特别意义，换句话说，到了这个阶段，金钱就无法换算成幸福和快乐了。

如果一个人在拼命追求金钱的过程中，忽略了亲情，失去了友谊，也放弃了对生命其他美好方面的享受，到最后即便成了亿万富翁，不也难以摆脱孤独和迷惘的纠缠吗？所以，并非是金钱决定了我们的愿望和需求，而是我们的愿望和需求决定了金钱和地位对我们的意义。你比陶渊明富足1000倍又怎么样，你能得到他那份"采菊东篱下，悠然见南山"的怡然吗？

在美国新泽西州，有一位叫莫莉的著名兽医劝告人们向动物学习。她拿鸟做例子说："鸟懂得享受生命。即使最忙碌的鸟儿也会经常停在树枝上唱歌。当然，这可能是雄鸟在求偶或雌鸟在应和，不过，我相信它们大部分时间是为了生命的存在和活着的喜悦而欢唱。"

可是作为万物之灵长的人类，在对待生命的态度上却未必能有这种豁达，有的人穷其一生，都无法达到这样的境界。有的人认为，得到了金钱就得到了幸福，这是多么可笑的想法！可见，他们并不知道金钱和幸福是没有必然联系的。有了金钱，并不一定就会带来幸福，反而因为金钱而引发不幸的事例倒是比比皆是。

还有的人认为只有拥有了盛名，才意味着成功。殊不知，功名利禄不过是过眼烟云，生命的辉煌恰恰隐藏在平凡生活的点滴之中。也有的人认为权倾一时就是成功，更有的人认为出类拔萃才是成功，平庸就意味着失败，可是生活的真实却往往是有些人看起来不怎么样，活得确实挺来劲儿。哥伦比亚大学的政治学教授亚力克斯·迈克罗斯发现，那些脚踏实地、实事求是的人往往比那些好高骛远的人快乐得多。

其实谁也不至于活得一无是处，谁也不能活得了无遗憾。一个人不必太在乎自己的平凡，平凡可以使生命更加真实；一个人不必太在乎未来会如何，只要我们努力，未来一定不会让我们失望；一个人不必太在乎别人如何看自己，只要自己堂堂正正，别人一定会对我们尊重；一个人不必太在乎得失，人生本来就是在得失间徘徊往复的。

一个人要想生活得快乐，就要学会根据自己的实际情况来调整奋斗目标，适当压制心底的欲望。不要因为自己才智平庸而闷闷不乐，生活中，智慧与快乐并无联系，反倒是"聪明反被聪明误""傻人有傻福"的例子俯拾皆是。

很多人年轻的时候无忧无虑地生活，虽然没有钱，没有名，没有地位，但是他们真的很快乐，什么都不用想，只做自己喜欢做的事情，可是当他们开始追求人人向往的传说能带给他们幸福快乐的各种东西之后，却渐渐地发现自己不得不放弃那些他们喜欢做的事情了，而他们得到的却并没有给他们带来多少快乐，带来的反而是负担，压得他们无法追求别的东西，压得他们无法轻松地面对自己真正的梦想。这时他们往往会痛苦不堪地一遍一遍地问自己："为什么得到的都是我不想要的，而我想要的却总是得不到？"

其实，从某种意义上讲，人生中，一个男人最大的成功是有一个好妻子，一个女人最大的成功是有一个好孩子，一个孩子最大的成功是能心理和生理都健康地成长。这才是最踏实、最快乐的成功诠释。

◆ 美好的假日时光，请与家人一起分享

虽然你十分喜欢在节假日时和家人一起共享天伦，但这个愿望看起来难以实现——你必须加班、参加朋友派对或是为度过一个看起来"有意义"的假日做充分的准备，你还要应一些邀请去旅行、参加宴会……总之，假日再也不仅仅属于家庭了，而是属于所有人。

假日本应该是用来放松的美好时光，但是，有时不得不应付来自四面八方的压力导致"假"不像"假"了。

对于许多人来说，节假日是充满期待的欢乐日子，也可能是一个充满很大压力和失望的时刻。首先，可以确信不疑的是，在你的潜意识里，是想给自己和家人一个甜蜜的布满阳光美食的这样一个充满快乐和幸福的节日，其实，只要你如此想了，这就立即给自己施加了压力。如果你感觉不好，你就有可能产生孤立感，仿佛错误都是由你造成的。其次，你改变了原有的安排，置

身于不同的环境之中。你可能不明白为什么自己到了一个水土不服的国家，或者是一个高朋满座的家庭聚会，而其中的有些亲戚让你无法相处。坐到座位上时你就开始了后悔的思索路程，为什么不老老实实地待在家里充分休息和享受自己的时光，为什么要让自己变得这么难受。最后，节假日里你要做出大量的决定和计划——去什么地方、邀请谁、吃什么以及开支多少或者干脆去加班，做那些看上去永远完成不了的工作，等等。

反正事实是，你的假日不是越来越少，而是越来越少地用在与你家人的共处和休息上了。因为你有太多的事充斥着本来就不富裕的假日空间。这样对待你的时间，很容易产生一种后果，就是家庭面临的"分崩离析"。如果你是双收入家庭，那么"家"在某种意义上倒像个冷冰冰的旅馆，丝毫没有温情可言，所以，要记得，把假日还给家人，然后充分体味这种幸福吧！

一个周末，某人应一位身任总经理之职的同学的邀请，去参加一个饭局。酒足饭饱之后，又去唱歌。在 KTV 包厢里，这位总经理的手机突然响了，他打开了手机，里面传来一个小女孩奶声奶气的声音："爸爸，你怎么还不回家？我想你，妈妈也想你……我已经好几个周末都没你陪着去动物园看动物了。"这位总经理一怔，知道对方打错电话了，他没有这么奶声奶气的女儿，他的儿子正在国外的大学里读书。他刚想说，你打错电话了，我不是你爸爸。但愣一下，没有说，不由自主地随声应道："你……你是……""我是宝宝啊，爸爸，我是宝宝""乖……好，爸爸马上就回家……告诉妈妈，爸爸马上就回家……"随后，这

位同学一言不发地坐在那里，大伙也不明白发生了什么事情，须臾，这位老兄向大伙抱歉地告辞："对不起，我家有点儿事，我先走一步，失陪了，不好意思，实在不好意思。"

事后，讲起这件事，他说："就在和小女孩对话的那一刻，一种对孩子、对妻子的愧疚感蓦地袭上心头，我一时也不想耽搁，必须马上回家。说真的，我都不知道自己有多久没在家里过周末了，应酬占据了我所有的假日……"

无论何时，家都是你最温暖的依靠，应酬也好，聚会也罢，千万不要把休假的日子全浪费在上面。它们所给你的，除了疲惫只剩下空虚了。并不是说，你要为了家庭而放弃所有的朋友间的往来。只是说，不要忽视你的家人，别等失去他们了才后悔。

◆ 有钱没钱，一样过年

今年，他又没有回家过年，不是因为抢不到车票，也不是因为爸妈一再催他结婚，原因只有两个字：没钱。

他生在小富之家，曾经也是让伙伴们羡慕的小少爷，不过那年父亲生意失败，赔了一大笔钱，这个家开始转向穷困。

他一时适应不了这种落差，更害怕失去在伙伴中间高高在上的感觉，于是决定离开这个地方，并发誓：不挣大钱，不回家。

他带着华丽转身的心气，在这个一线城市过着三线城市的生活，这时他才知道，原来，生活挺难。

这是他离家的第三年了，也是他第三个孤独的春节，不是没有路费，而是还没有实现自己的誓言，自觉无颜见江东父老。

除夕夜，爆竹声声，红灯处处，家家欢笑，只有他独自游逛在城市的街道上，冷冷清清，悲悲切切，凄凄惨惨戚戚。

去年的今天，他也是一个人，是靠酒精度过了春节，没有新衣服、没有新鞋，更别提新车、新房子了，他觉得自己就是这世界上最穷、最孤独的人，他甚至想到了死！

他打开酒瓶猛灌了一口，"难道就不能给穷人一点快乐吗？"他忍不住低吼。

酒精已经有一点点上头了，他感觉自己的脚步轻飘飘的。他轻飘飘地往前走。

一辆轮椅从他面前滑过，轮椅上坐着个中年人，他穿得有些单薄，也有些陈旧，看得出，他也不是个有钱人。但他精神抖擞，他身后跟着妻子，不美也不丑，同样的衣着朴素，妻子手牵一双儿女，女儿10岁左右，儿子七八岁上下，唇红齿白，天真可爱。

"爸爸，那个姐姐的衣服真好看。"女儿指着不远处一个正在和爸爸妈妈一起放烟花的女孩说。

"宝贝的衣服更漂亮。"虽然这样说，但中年人的眼里还是流露出了愧疚。

妻看在眼里，轻轻敲了一下女儿的小脑袋，夸张地说："你

还不知足啊！这可是爸爸亲手为你做的衣服呢？你不知道吗？现在手工制作的东西都很贵的。而且你爸爸说过，他将来要做个国际大设计师，让你们姐弟俩穿着他做的衣服去巴黎走 T 台。"

女儿不知是懂事还是真被妈妈的话"迷惑"了，扳着爸爸的椅背，探着小脑瓜，调皮地"命令"爸爸："你的宝贝女儿命令你，一定要做个国际大设计师，给我和弟弟做很多很多漂亮衣服。"停了一下，她又冲着爸爸机灵古怪地眨了眨眼睛，故弄玄虚地问道："爸爸，我觉得我比那个姐姐幸福，你知道为什么吗？"

中年人笑着摇了摇头。

"因为她只有爸爸妈妈，而我还有个弟弟。"

一家人笑作一团，渐行渐远。

他的视线模糊了，是酸风射眸，还是酒精上头，不得而知。

下一刻，他告诉自己：明年一定要回家过年，不管有钱没钱！只为父母的等待。

没有脚怕什么，只要还有手，就一样可以把握生活。没有钱又如何？只要心里装着爱，幸福就常在。

别把钱看得太重，别认为没钱就是没面子。记得有那么个小品吗？一对在外地打工的夫妇用买年货的钱买了个二手大哥大，最后没钱了，不也高高兴兴地回家过年去了吗？其实，回家不是为了显气派，是为了让父母亲人看到你安好，是为了融合人与人之间最珍贵的情。

还记得小时候吗？除夕一大早，便有人敲门，开门一看，原来财神到，手里递过一张财神画，满口吉祥如意，妙语连珠。这个时候，谁也不会推却，连忙掏出 1 元钱递上去，财神高兴地道谢，一句"恭喜发财"，转身又去别家拜年了。

从除夕到初五，家里的客人几乎不会断，一大早，妈妈就在厨房里'叮叮当当'忙个不停，虽然累，但快乐着。而我们，则时常围绕在妈妈身边，期盼着母亲大人善心一发，施舍一块香喷喷的大肉。

小时候家里条件普遍不好，买不起品牌的吃食，什么金丝猴、大白兔、阿尔卑斯、徐福记，听都没听过，更没吃过。那时候吃的是大米糖、薄荷糖、散装软糖和奶糖，妈妈拿出一块塞到我们嘴里，嚼出的都是甜蜜，留在心里的保质期是一辈子。

那时候，一年到头买不了两件新衣服，所以过年是一种极大的期盼，因为会有新衣、新鞋、新袜子，焕然一新。

那时的春节，物资质量不高，精神世界却分外富足，父母恩爱，姐弟乖巧，一家人其乐融融。爷爷奶奶总说："钱多钱少，一样活到老，有钱没钱，开心过年。"

是啊，有钱没钱，一样过年，幸福的感觉未必要金钱来支撑。过年，过的是一份心情，更是一份亲情。张家过年买了车，李家也不必眼红，王家致富奔了小康，可能还羡慕赵家人丁兴旺呢。钱是个好东西，但不是唯一的好东西，有钱就过个富裕年，缺钱就过个平凡年，只要合家团聚，平平安安的，开开心心的，各个都积极向上的，还有什么不美好的呢？

◆ 能埋头工作也要能抬头生活

"一头栽下去"，是很多人恋爱时都要经历的过程。但是你可知道，就像爱情一样，工作也能让人在不知不觉中陷入"无法自拔"的境地。

你每天的工作不一定只有 8 小时。虽然说，一般认为上班族的工作时间是早上 9 点到下午 5 点，但是，不遵守"规定"的大有人在。你只要放眼望去，随处都可以发现许多的企业老板、律师、会计师、专业人员、中介经理人甚至自由工作者，在他们的时间表里，绝对没有所谓的"准时下班"。

在这个以工作为导向的社会里，制造了无数对工作狂热的人。他们没日没夜地工作，整日把自己压缩在高度的紧张状态中。每天只要张开眼睛，就有一大堆工作等着他。

你如果要判定这个人是不是"工作狂"，最直接的方法就是放假。因为，有很多工作狂最讨厌节日，尤其是放长假，对他们而言，简直就是一种折磨。只要一闲下来，他们就会闷得发慌，恨不得赶紧逃回办公室里。

其实，工作狂不单单指做事的状态，也是一种心理的状态。据心理研究人员分析，具有工作狂特质的人大都是目标导向的完善主义者。一切以原则挂帅，他们企图从工作中获得主宰权、成就感与满足感，任由生活完全受工作支配。他们相信只有工作才是一切意义的所在，活动、人际关系对他来讲都是无关紧要的。

表面看来，工作狂似乎别无选择，他就是无法让自己停下来：他们以为，一旦妥协就是投降，表示自己认输。他们这种心态，不论是对自己还是对周围共事的人，都造成相当严重的困扰。

美国有位专门研究工作狂的心理医师杰·罗里奇，根据他的观察：绝大多数沉溺于工作的工作狂，往往不是那些需要殚精竭虑、必须靠出卖劳力以求生存的人。

当走进社会，从第一天工作开始，吉列公司香港区经理麦斯礼心里只有一个目标——希望自己在 30 岁的时候能挣得一个好的位置。由于急于表现，他几乎是拼了命工作。别人要求 100 分，他非要做到 120 分不可，总是要超过别人的预期。

29 岁那年，麦斯礼果真坐到主管的位置，比他预期的时间还提早了一年。不过，他并没有因此而放慢脚步，反而认为是冲向另一个阶段的开始，工作态度变得更"狂"了。

那段时间，麦斯礼整个心思完全放在工作上，不论吃饭、走路、睡觉几乎都在想工作，其他的事一概不过问。对他而言，下班回家，只不过是转换另一个工作场所而已。

拼命工作的结果不仅使他与家庭产生了距离，与员工更是形成对立的局面。而他自己，其实过得也并不快乐，常常感觉处在心力交瘁的状态。

当时，麦斯礼不认为自己有错，觉得自己做得理所当然；反

而责怪别人不知体谅，不肯全力配合。不过，慢慢地他也发现，纵然自己尽了全力，为什么却老是追不到自己想要的？

35岁以后，麦斯礼才开始领悟，过去的态度有很大的偏差，处处以工作成就为第一，没有想到工作只是人生的一部分，而不是全部；虽然，口口声声说是为了别人，但其实是为了掩盖自己追求虚荣的借口。

麦斯礼不否认"人应该努力工作"。但是，在追求个人成就的同时，不应该舍弃均衡的生活，否则，就称不上"完整"的人生。

重新调整之后，麦斯礼发现比较喜欢现在的自己，爱家、爱小孩，还有自己热衷的嗜好。他没想到这些过去不屑、认为浪费时间的事，现在却让他得到非常大的满足。对于工作，他还是很努力，至于结果，一切随缘。

◆ 做工作与生活的双重赢家

多数人的人格都是分裂的，我们的身体里至少有两个敌对的敌人，一个想要退隐山林种番茄，另一个却想成为一尊受人顶礼膜拜的伟人。

你会不会觉得自己像"双面人"一样，对一件事想放弃又有许多的不舍，内心的两个声音在不停地挣扎？

"工作"和"生活"的不相容，使"双面人"有着莫大的苦恼。既想在工作上做出一番令人刮目相看的成就，又想过着自在惬意的生活。结果总是两头不讨好，最终一事无成。

你会不会觉得，白天的工作已经把你变成一只好勇斗狠的"鳄鱼"，看到别人猛力冲撞，你不甘示弱地奋起直追。可是，一旦摘下"鳄鱼"面具的你，已是又累又倦，只想好好地睡一个觉，到海边钓鱼，或者什么事都不做，只是愣愣地对着窗口发呆。

有一名言是这样说的："工作可以使一个人高贵，但也可能把他变成禽兽。"这句话也可能是你的写照。意气风发的时候，你觉得自己仿佛可以征服天下；沮丧疲惫的时候，你看你自己可能连一只小蚂蚁都不如。

同样一个人，如此纠葛不清的原因很可能是把"工作"与"生活"混为一谈。说开了，工作就是工作，生活就是生活，如果错把谋生的工具当成人生的目标，而且太倚重它，到头来只是作茧自缚罢了。

"工作"与"生活"应该用两种不同的态度来看待。工作上，你是医生、教师、以至你是一个企业家，而你在扮演的只是"职务"这个角色；而回到现实生活里，你要扮演的却是真实的"自己"。

有人说找到与自己性情相契的差事，虽然说，人要做自己最喜欢的事，便是最大的福分。然而，事与愿违，有很多人事实上

都是"做了自己不喜欢的事"。并不是每一个人都幸运地从工作中得到自我满足感，工作的目的仅是为了糊口而已，他们实在没有办法一边快乐地唱着歌，一边工作。

做着自己不喜欢的事，为了生计又不能辞职，那么别忘了，下了班之后，记得把自己拉回来！除了工作之外，你应该还有其他人生的目标，一些希望完成的事。例如，你真的想在阳台上种番茄，想到海边钓鱼，不要迟疑，赶紧动手吧！除了工作之外，生活依然属于你自己，不要忘了为自己的快乐奋斗！

做"双面人"时同样可以将自己塑造成"双赢人"。工作是赢家，生活也是赢家。不管你有过多少丰功伟业，不管你是不是受人注目的伟人，回到生活里就把它忘掉吧！其实，世上大多数人的人生目标都很简单：平安地活着，拥有幸福的家庭，做一点让自己开心的事，就足够了！

11. 做你自己的人，走你自己的路

　　为别人活着，一切希望尽在别人手中，快乐随时可能被人摧毁。为自己活着，不用把希望放在一些无法左右的事情上，人就会轻松一截。任何事情都能由你自己做主，至少你可以尽力而为。

◆ 属于你的，只是自己的生活

　　生活中，人们总是畏惧别人的眼光，总是担心别人怎么想，不自觉地丢失了自己；其实事情是我们自己的，别人不应该成为我们的标准，为什么我们要生活得那么被动呢？

　　有一位青年画家想努力提高自己的画技，画出人人喜爱的画，为此他想出了一个办法。这一天，他把自己认为最满意的一幅作品的复制品拿到市场上，旁边放上一支笔，请观众们把不足之处给指点出来。集市非常热闹，来来往往的人群络绎不绝，画家的态度十分诚恳，于是许多人就真诚地发表自己的意见。到晚上回来，画家发现，画面上所有的地方都标上了指责的记号。也就是说，这幅画简直就是一无是处。这个结果对年轻画家的打击实在太大了，他变得萎靡不振，甚至开始怀疑自己到底有没有绘画的才能？他的老师见他前不久还雄心万丈，此时却如此情绪消沉，不明就里，待问清原委后哈哈大笑，叫他不必就此下结论，不妨换一个方法再试试看。第二天，这位画家把同一幅画的另一个复制品拿到集市上，旁边仍然放上了一支笔。所不同的是，这次是让大家把觉得精彩的部分给指出来。到晚上回来，画面上所有地方同样密密麻麻地写满了各种夸奖的记号。青年画家这时才恍然大悟，在画坛上终有成就。所以，一个人永远无法满足所有人的胃口，高明的厨师会引导大家跟着自己的感觉走，而不是让自己跟着别人走。

不要太在意别人的话，别人不是我们的镜子。一个人活在别人的标准和眼光之中是一种被动、一种依附，更是一种悲哀。人为什么要活得那么累呢？人生本来就很短暂，真正属于自己的快乐更是不多，为什么不能为了自己完完全全、彻彻底底地活一次？为什么不让自己脱离建立在别人基础上的参照系？……要知道属于你的，只是自己的生活而不是别人赐予的生活！

◆ 为自己活着，不要考虑太多

有一本畅销书中阐释一种自由主义的思想，鼓励每个人不需跟从世俗标准随波逐流，而是应该依自己的方式去选择有价值的人生，使自己活得快乐，活得自由。你活得快乐吗？自由吗？读这本书的人都觉得"心有戚戚焉"，因为他们的心事被看穿，他们发现自己这辈子为了父母而活、为了配偶而活、为了子女而活、为了房屋贷款而活、为了取悦老板而活、为了身份地位而活……总之，有各种"为别人活"的理由，却始终没有为"自己"好好活过。

为了别人而活，经常使人陷入进退两难的境地，他们过着不快乐的生活，做着不合志趣的事，即使是他们当中不乏外表看起来功成名就的人，但他们心中仍有一种想"冲破现状"的欲望。

你是不是会有这样的感受？虽然职位愈爬愈高，薪水也日益上涨，但这并不是你想过的生活，纵使人人羡慕你，但其实这些表象只不过是生活无趣的"安慰品"罢了，你心里想的很可能只是散散步、种种花、饲养动物、看几本好书、和好友把酒言欢这些再简单不过的事情而已。

美国人曾经做过一个调查，得出的结果出乎意料，竟然有高达 98% 的人工作不快乐，而他们之所以继续待在原来的位置，并非完全是受制于经济因素，而是不知道自己还"想"做些什么。即使他们"想"为自己活，却找不到"着力点"。

要找出自己真正想过的生活，其实并非难事，最直接的方法就是从你的兴趣寻找线索。你可以问自己几个问题：在过去的经验里，有哪些令你振奋的爱好？比如说，维持基本的物质需求无虞，你会把剩余的时间、精力用在哪里？

你是不是花了太多的力气去追逐身外之物，或者为了满足别人，而把自己内心的真爱丢弃不顾？人要活给自己看，就要去做自己喜欢的事。穷毕生之力做自己不喜欢的事，谈何"为自己活"？不为自己而活，人生又有什么意义可言？

真实的自己，就是真正的自我。人们活着，不知道还有另一个自己，这就如同鱼天天在水中游着，却不知有水一样。有一位诗人曾说："要爱自己，只有时时刻刻凝视着真实的自己。"然而，当代人在看自己时却模糊不清，原因是离真实的自我越来越远。如果你能每天花几秒钟仔细看看自己的眼睛，你将发现真实的自己。

◆ 别人的意见，不应该左右你的心声

人在一定程度上要为自己而活。是的，为自己而活，不能一味地为别人而活。我们的成功是我们亲手创造的，别人的路不一定适合我们，不要盲目崇拜任何人。你是上帝的原创，不是任何人的附属品，所以在你有限的时间里，活出自己的人生，这才是幸福的。

有这样一个故事，或许能够让你明白活着的价值：

何蕊正在弹钢琴，7岁的儿子走了进来。他听了一会儿说："妈，你弹得不怎么样。"

的确，是不怎么样。任何认真学琴的人听到她的演奏都会退避三舍，不过何蕊并不在乎。多年来何蕊一直这样不高明地弹，弹得很高兴。

何蕊也喜欢不高明地歌唱和不高明地绘画。从前还自得其乐于不高明的缝纫，后来做久了终于做得不错。何蕊在这些方面的能力不强，但她不以为耻。因为她不愿意活在别人的价值观里，

她认为自己有一两样东西做得不错。

"啊，你开始织毛衣了。"一位朋友对何蕊说，"让我来教你用卷线织法和立体织法来织一件别致的开襟毛衣，织出 12 只小鹿在襟前跳跃的图案。我给女儿织过这样一件。毛线是我自己染的。"何蕊心想，我为什么要找这么多麻烦？做这件事只不过是为了使自己感到快乐，并不是要给别人看以取悦别人的。直到那时为止，何蕊看着自己正在编织的黄色围巾每星期加长 5 ~ 6 厘米时，还是自得其乐。

她生活得很幸福，而这种幸福的获得正在于，她做到了不是为了向他人证明自己是优秀的而有意识地去索取别人的认可。改变自己一向坚持的立场去追求别人的认可并不能获得真正的幸福，这样一条简单的道理并非人人都能在内心接受它，并按照这个道理去生活。因为他们总是认为，那种成功者所享受到的幸福就在于他们得到了这个世界上大多数人的认可。

其实，获得幸福的最有效方式就是不为别人而活，不让别人的价值观影响自己，就是避免去追逐它，就是不向每个人去要求它。通过和你自己紧紧相连，通过把你积极的自我形象当作你的顾问，通过这些，你就能得到更多的认可。

我们人生的时间有限，所以不要为别人而活。不要被教条所限，不要活在别人的观念里。不要让别人的意见左右自己内心的声音。最重要的是，勇敢地去追随自己的心灵和直觉，只有自己的心灵和直觉才知道你自己的真实想法，除了你的心灵和直觉，其他一切都是次要的。我们无法改变别人的看法，能改变的仅是我们自己。想要讨好每个人是愚蠢的，也是没有必要的。与其把精力花在一味地去献媚别人、无时无刻地去顺从别人，还不如把主要精力放在踏踏实实做人上、兢兢业业做事上。

◆ 命运是在你的手里，而不是在别人的嘴里

你以为以镜照人，就可以得到最真实的影像，殊不知镜子也不是绝对平整、绝对无尘的，若镜面不平，与照哈哈镜不过是程度上的区别而已，若镜面有尘，其真实的程度也会出现折扣。所以，不要以为镜子中的你就是真实的自己。

镜子不带任何感情色彩，都不能作出真实反映，何况是倾向主观的人？所以，别太在意别人对你的评头论足，因为没有谁会像你一样清楚和在乎自己的梦想，无论别人怎么看你，你绝不能打乱自己的节奏。不要让别人否认的目光扰乱你内心的平静。这世上有两种人：一种人会消耗你的能量和创造力；另一种人会给你能量，支持你的创造，或者只是一个简单的微笑。拒绝第一种人。让自己快乐起来，去做自己想做的人。有人不喜欢，由他去吧。

保罗还在上小学的时候，别人就说他是一个笨孩子，老师也认为他根本不可能学到毕业。无形之中，他自己也接受了这些

评价和看法，他因此感到很自卑，真把自己当成了一个笨孩子。辍学以后，他也一直做一些临时小工，因为他认为自己只配做这个。

但是，在他30岁的时候，一件意外的事情使他的生活发生了巨大的改变。他偶然去参加一次智力测试，结果令他非常惊讶——他的智商竟然高达161分值，这可是那些天才才拥有的智商啊！而在此之前，他竟然一直把自己当成智力低下的人，整天去干一些零碎的杂活。从那以后，保罗不再相信别人对他的那些错误性、限制性评价了，他开始相信自己，开始努力奋斗。后来，他写出了好几本书，取得了几项专利，并且成为了一个很成功的商人。

不要因为别人低估你、轻视你，你就随意轻贱自己，不要让别人的错误评价左右你的一生。揭掉别人为你乱贴的标签，找回真实的自己，你的人生一定会很精彩。

其实，很多时候我们事业无成，内心焦虑，恰恰就是因为我们习惯于受到他人影响，无论对错，所做一切只是为了让人家满意，结果别人满意了，我们却失意并焦虑了。其实我们做人应该有这样一种魄力——"走自己的路，让别人去说吧！"别让任何人扰乱我们的心，阻挠我们前进的步伐。

我们虽然无法改变别人的看法，但可以做强自己，你生活的好了，别人自然高看你。再者说，每个人都有不同的想法，不可能强求统一，讨好每个人是愚蠢的，也是没有必要的。所以，我们与其把精力花在一味地去献媚别人、无时无刻地去顺从别人上，还不如把主要精力放在踏踏实实做人上、兢兢业业做事上、刻苦认真学习上。对于我们来说，按照自己的意愿去生活比什么都重要，不要在乎别人的评论，做自己想做的事情，这是作为自我走向成熟的标志。

假如说你只是一只风筝，会身不由己地随风飘曳；假如说你是断梗浮萍，便不得不顺水而动。可你是人，评价于你，顶多是清风拂耳，应该是风过而不留任何痕迹。

◆ 摘下沉重的面具，活得真实些

有些人可能习惯了戴着面具生活，他们煞费苦心地掩盖自己的某些不足和缺陷、身世和背景，或是将自己置身于一个虚幻的境界之中，这是非常无知和自卑的。这些人企图以一个十全十美、无所不能的形象出现在别人面前，以此来博得大家的爱戴和尊敬，殊不知这样做是徒劳无益的，到头来反而还会使自己落到非常尴尬的境地。因为假的、虚的东西，总是非常短命的，就像烟雾再浓密总会散去、彩虹再美总是短暂、海市蜃楼再壮观总会消失一样，虚伪就如同大雪覆盖下的荒原，春天到来，冰雪融化，贫瘠、荒凉的面貌就会暴露无遗。

曾看到这样一个故事，很值得我们深思：

有一位女子，出身一个平常的家庭，做一份平常的工作，嫁了一个平常的丈夫，有一个平常的家，总之，她十分平常。

忽然有一天，报纸大张旗鼓地招聘一名特型演员，饰演王妃。

她的一位好心朋友替她寄去一张应聘照片，没想到，这个平常女子从此开始了她的"王妃"生涯。

太艰难了，她阅读了大量的关于王妃的书，她细心揣摩王妃的每一缕心事，她一再地重复王妃的一言一行、一颦一笑……

不像，不像，这不像，那也不像！导演、摄影师无比挑剔，一次又一次让她重来……

现在，平常女子已能驾轻就熟地扮演"王妃"了，进入角色已无须花费多少时间。糟糕的是，现在她想要回复到那个平常的自己却非常困难，有时要整整折腾一个晚上。每天早晨醒来，她必须一再提醒自己"我是××"，以防止毫无理由地对人颐指气使；在与善良的丈夫和活泼的女儿相处时，她必须一再告诉自己"我是××"，以避免莫名其妙地对他们喜怒无常。

平常女子深有感触地对人说："一个享受过优厚待遇和至高尊崇的人，回复平常实在太难了。"

说这话时，她仍然像个"王妃"。

所谓假作真时真亦假，许多人都是这样被"戏装"异化了，以至于曲终人散后，还卸不下妆来，也找不到自己。蓦然回首，那些希冀着的，仍需希冀，那些渴盼着的，仍需渴盼。唯独改变了的是自己的本性。扪心自问："我是否在意过自己最真实的内心世界？尊重过自己的本性？"心真的会告诉我们那个最真实的答案。

他是个上了年纪的补鞋匠，铺子开在城市偏僻的角落里。有个作家拿着鞋子去请他修补，他抬了抬头，说："我没空。拿去给大街上的那个家伙吧，他会立刻替你修好的。"

可是，作家早就看中了他的铺子。只要看他工作台上放满了皮块和工具就知道，他是个巧手的鞋匠。

"不，"作家回答说，"那个家伙一定会把我的鞋子弄坏的。"

"那个家伙"，其实是指替人即时钉鞋跟和配钥匙的人，他们根本不大懂得修补鞋子或配钥匙。他们工作马虎，替你缝一回便鞋的带子后，你倒不如把鞋子干脆丢掉。

鞋匠见了作家的态度，笑了起来。他把双手放在蓝布围裙上擦了一擦，看了看鞋子，然后叫作家用粉笔在一只鞋底上写下自己的名字，说道："一个星期后来取。"

作家将要转身离去时，他从架子上拿下一只极好的软皮靴子，得意地说："看到我的本领了吗？连我在内，市里只有三个人能有这种手艺。"

作家走出了店门，走上大街，觉得好像走进了一个簇新的世界。有一瞬间他甚至觉得，那个老鞋匠仿佛是古代传说的世外高人——他说话不拘小节，脾气有些古怪，最特别的是，他并不对自己的身份感到惭愧，而是对自己的技艺深感自豪。他，活得很洒脱，也很真实。

一个人，无论他现在做着什么样的工作，过着怎样的生活，

只要他尽心尽力，忠于职守，除了保持自尊之外别无他求，那么，他就是活得真实而高贵的。

人，活着不是装给别人看的，不是为别人的观念而活着的。每个人都有每个人的活法，为什么要让别人肯定，自己心里才会舒服呢？莫不如活得真实一些，也许我们身上穿的不是金缕玉衣，戴的不是翡翠玉石，但我们的内心深处，同样可以拥有一种坦然，一种摆脱一切伪装的自在。

我们要活得真实一些，去面对现实，面对理想与现实之间的差距，只有这样，我们才会稳下心来，为自己的理想与生活去打拼，才能展现出我们自己真正的实力；也只有这样，我们的腰杆才能直直的挺起，才不会在朋友面前谈到自己时心里发虚。

活得真实一些吧，活得真实一些，我们就能坦荡无悔地走过此生。

◆ 好的不一定适合你，适合你的才是好的

东西好不适合自己就让它摆在那，因为摆在那它还是好东西，自己拿在手里，完全就是不适合自己的废品。所以，我们没必要毁掉它好东西的价值，但也没必要把着一件对自己没用的东西纠结。或许很多人都曾有过这样的感受，小时候总是很羡慕别

人，或是羡慕别人有漂亮的衣服，或是羡慕别人有新奇的玩具，或是羡慕别人有可爱的弟弟妹妹，总之就是觉得别人的东西才是最好的，从不去想那些东西是不是适合自己，也可能等到自己成熟之后，才发现那不是适合自己的。

就像有的人喜欢穿长裙，有的人喜欢穿牛仔裤，还有人喜欢穿西装，也有人喜欢穿 T 恤。穿长裙的对穿牛仔裤的休闲风格欣赏有加，穿牛仔裤的对穿长裙的柔美气质艳羡不已，穿西装的对穿 T 恤的自由随意渴望已久，穿 T 恤的对穿西装的端庄稳重心驰神往。然而他们如果换着穿衣，很可能自己的风格就不复存在，只剩下不伦不类的难堪。

好的不一定适合你，鞋子舒不舒服只有脚知道。再华丽的鞋子，哪怕是童话里的水晶鞋，如果穿在自己的脚上无法行走，那外表的光鲜又有何用？所以，不要羡慕那些"好的"，对我们每个人来说，我们应该追求的是那些"适合"的。

联想我们自己的生活。有时候，我们费尽心机、千辛万苦得到了某些东西，可那些东西是我们真正需要的吗？是真的适合我们的吗？要钻石还是要爱情？这个问题跟要面包还是要调料其实是一样的。很多时候，我们的追求本末倒置，我们为之羡慕和迷醉的，或许并不是我们真正需要的。在一条乡村的小路边，有一眼清澈的山泉。村里人上街或者串亲戚，路过山泉，便停下蹲在泉眼边喝水解渴，顺便看一眼宜人的景色。人们开始或用手捧水或用树叶折叠成碗状舀水喝，后来不知道谁放了个破碗在泉边，大家感到非常方便。

过了一段日子之后，有人看到那个破碗不够美观，于是就把它一脚踢到旁边，不知滚到哪里去了。然后那人换上了一只非常漂亮的瓷碗。过路人都觉得还是这只碗美观，喝起水来仿佛也分外甘甜。

然而，让人们意想不到的是，没过几天时间，那只漂亮的瓷碗不翼而飞了。好碗丢失了，破碗又被扔到一边，人们又只好用树叶或用手捧水喝，相当不习惯。于是，又有热心人买来一只好瓷碗，放到了泉水边。

可惜的是，这只瓷碗的命运与前一只瓷碗的命运没有两样。很快，好瓷碗再次不翼而飞了。这时候，人们才想起来，漂亮的瓷碗很容易被人拿走，买只好碗放在泉边，根本没有必要，它很容易丢失，那样只会给路人带来更大的不便。而破碗放在山泉边上，除了喝水的人，谁都不会注意的。

于是，人们去把那只破碗找了回来，让它重新回到原来的位置。那重新捡回来的破碗，一直沿用到今天，从来没有丢失过。这个故事就像我们的人生，好的东西不一定是合适的，而合适的东西也不一定就是好的。有人在高温烈日下徒步跋涉却乐在其中，有人在空调房里斜靠沙发手捧零食看韩剧，同样逍遥自在。旅行者也许会认为看韩剧者是在浪费生命，看韩剧者则认为对方是自找罪受，谁也不能理解谁。但其实只要适合自己，就是美丽快乐的人生。

因此，在生活中我们不必整天为得不到"好的"而懊恼。羡慕别人的工作薪水甚高，可是把你放在那个位置上你能胜任吗？

羡慕别人的爱人温暖贴心，可换成你们在一起，你俩的性格搭调吗？羡慕别人的孩子懂事出息，可那是你的亲生骨肉吗？

微风吹过，蒲公英的种子打开降落伞在风中寻找自己的目标，它们中有的选择了美丽的大海歇息，有的选择了广袤的沙漠嬉戏，也有的一头扎进黑兮兮的土里。第二年，春风吹起的时候，只有将家安在土中的种子才在阳光下露出美丽的笑脸。

找到属于你的沃土，你才能生根发芽。所以，只有知道了自己想要的是什么，知道了适合自己的是什么，我们的人生才会有方向，才会更容易成功。

◆ 不要在别人给的荣耀里忘乎所以

有这样一个寓言故事：

一只猫饱餐了一顿，顾不上洗脸，打了一个哈欠，呼呼睡着了，鼻子上还沾着奶油呢。这时一只饥肠辘辘的老鼠循着奶油的香味而来，来不及看清周围的境况，莽莽撞撞张开嘴就咬。"哎哟！"一声惨叫，被疼痛惊醒的猫，还没弄清怎么回事，就吓得逃之夭夭了。消息传开，这位莽撞的老鼠在鼠国里家喻户晓，它被同伴们视为无畏的勇士，成了鼠类的骄傲。

"您为我们出了一口气，以前只有我们见猫逃的事，今天竟

然是猫逃走了。在我们鼠类历史上还是第一次，您将永垂史册。"老鼠国的所有成员都夸奖它说。从此，无论这位鼠英雄走到哪里，哪里都有鲜花和欢呼围绕，还有漂亮的鼠小姐们对它频送秋波，脉脉含情。就这样，这位英雄也慢慢地相信自己真的是猫的克星，不知不觉就变得趾高气扬起来。

谁知没过多长时间，这只鼠勇士又碰上了那只倒霉的猫，它暗自高兴，这次又可以大显身手了，一定再给猫一个重创，抓瞎它的眼睛，用更大的胜利赢得更高的荣誉与尊敬。可是它却没有想一想，自己怎能是猫的对手？这次不仅没占着便宜，反而被对方咬得遍体鳞伤，尾巴也被咬掉了半截。若不是侥幸凭借一点机灵，险些性命都难保了。

这倒霉的消息不胫而走，又轰动了整个鼠国。这次大家却不是用鲜花和欢呼迎接它，取而代之的却是铺天盖地的咒骂和唾沫："懦夫！小丑！真是丢脸！"往日的英雄再没有人理睬，别说老鼠姑娘们的青睐，就是走路也得藏着半截尾巴，低着脑袋。

获得荣耀的确是人生的大喜事，但我们不能在这份荣耀里忘乎所以，更不能将此作为骄傲的资本，用来炫耀和显摆，以此来满足自己的虚荣心。

秋天来了，树上的叶子一天比一天稀少，天气也逐渐凉下来。一只蝙蝠在飞来飞去，它哭着说冷。鸟中之王——鹰看见了它。

"你为什么哭啊，蝙蝠？"老鹰问道。

"因为我冷。"

"为什么别的鸟不哭呢？"

"它们不冷，因为它们都有羽毛。可是我连一根羽毛也没有。"

老鹰考虑了一下，觉得蝙蝠一片羽毛也没有，确实可怜，于是就让所有的鸟各给蝙蝠一片羽毛。蝙蝠有了各种鸟儿的羽毛后，显得漂亮极了，每片羽毛颜色都不一样。蝙蝠把翅膀张开时，真叫人眼花缭乱。

蝙蝠因为有了这五彩缤纷的羽毛而骄傲起来，每天都欣赏自己的羽毛，不理睬别的鸟儿。它老是自我陶醉着：瞧我有多漂亮！

鸟儿都飞到它们的国王老鹰那里去，愤愤不平，向它告状说蝙蝠因为有别人给它的羽毛而自夸，跟别的鸟儿连话都不愿意说。国王老鹰把蝙蝠叫了过来。

"所有的鸟都在告你的状，蝙蝠！"老鹰对它说，"听说你拿它们的羽毛来自夸，骄傲得连话都不愿同它们说了，是真的吗？"

蝙蝠说："它们是出于忌妒才说的，因为我比所有的鸟都漂亮得多。你瞧一瞧，自己判断吧！"蝙蝠张开两扇翅膀，也的的确确很美丽。

"那么好吧！"老鹰说，"如今让每只鸟把原来给你的那片羽毛收回去，既然你这么漂亮，就用不着要别人的羽毛了。"

所有的鸟都扑向蝙蝠，把自己的那片羽毛取了回来。蝙蝠又跟原来一样光秃秃的了。它感到羞耻。从这个时候起，它老是害羞，总是夜间才飞出来，免得别的鸟看见它。

没有自知之明的人，一味地炫耀自己侥幸得到的荣耀，只能得到失败的苦果。对于一些虚无缥缈的东西，哪怕是真正自己获得的荣誉，也最好放在内心自己欣赏，而绝不可当众夸耀自己。那些荣誉都是别人给你的，别人既然能给你，也就能够收回。所以，不要在别人给的荣耀前乐得翘尾巴，这不仅是一种缺乏修养的表现，更是处世做人的一大忌讳。

人生要攀登无数个高峰，获得一种荣耀就意味着我们胜利攀登上了一个高峰。但我们不能醉心于赞扬和掌声，沾沾自喜，忘乎所以，以致不能自拔，而是应该把理性的目光投向下一个高峰，去迎接新的挑战！

◆ 把命运紧紧抓在自己手中才是最可靠的

人是社会的，更是自己的。我们虽然处在一个和谐的社会，但人生中那些风风雨雨的确时常令我们感到无助，我们想要寻求一些帮助，却觉得并没有人愿意真心以对，于是我们又开始痛苦、开始压抑。其实，大可不必，想开就好。我们并没有与谁签订"互助协议"，我们本就没资格要求谁为自己做什么、奉献什么。实际上求人不如求己，父母兄弟也好，亲戚朋友也罢，虽说是我们生活中最亲近的人，但并不是我们生活的完全寄托者，脚下的路还得自己走，再多的苦也应该自己扛，谁也替代不了，谁也无法代替你去感受。

现实就是这样残酷，这个世界上没有谁是你真正的靠山，你正真可以依靠的只能是你自己，所以当人生遭逢苦难之时，不要一心只想着去找"救命稻草"，你应该静下心来问问自己："我能做什么，我会因此而得到什么？"你的未来，还需要你自己去努力。

有个中国大学生，以非常优秀的成绩考入加拿大一所著名学府。初来乍到的他因为人地两疏，再加上沟通存在一定障碍，饮食又不习惯等原因，思乡之情越发浓重，没过多久就病倒了。为了治病，他几乎花光了父母给自己寄来的钱，生活渐渐陷入困境。

病好以后，留学生来到当地一家中国餐馆打工，老板答应给他每小时 10 加元的报酬。但是，还没干到一个星期他就受不了了，在国内，他可从来没做过这么"辛苦"的工作，他扛不住了，于是辞了工作。就这样，他不时依靠父母的帮助，勉勉强强坚持了一个星期，此时他身上的钱已经所剩无几。所以在放假那会儿，他便向校方申请退学，急忙赶回了家乡。

当他走出机场以后，远远便看到前来接机的父亲。一时间，他的心中满是浓浓的亲情，或许还有些委屈、抱怨——他可从来没吃过这么多的苦。父亲看到他也很高兴，张开双臂准备拥抱良久不见的儿子。可是，就在父子即将拥在一起的刹那，父亲突然一个后撤步，儿子顿时扑了个空，重重地摔倒在地。他坐在地上

抬头望着父亲，心中充满了迷惑——难道父亲因为自己退学的事动了真怒？他伸出手，想让父亲将自己拉去，而父亲却无动于衷，只是语重心长地说道："孩子你要记住，跌倒了就要自己爬起来，这个世界上没有任何一个人会是你永远的依靠。你如果想要生存、想要比别人活得更好，只能靠自己站起来！"

听完父亲的话，他心中充满惭愧，他站起来，抖了抖身上的灰尘，接过父亲递给自己的那张返程机票。

他不远万里匆匆赶回家乡，想重温一下久违的亲情，却连家门都没有踏入便返回了学校。从这以后，他发奋努力，无论遇到多少困难、无论跌倒多少次，都咬着牙挺了过来。他一直记着父亲的那句话——"没有任何一个人是你永远的依靠，跌到了就要自己爬起来！"

一年以后，他拿到了学校的的最高奖学金，而且还在一家具有国际影响力的刊物上发表了数篇论文。

别以为靠自己的力量不能将生命张扬，人生路上没有什么不可阻挡。别把太多的希望寄托在别人身上，没有人会永远保护你，父母终究会老去，朋友都会有自己的生活，所有外来的赐予必然日渐远离，所以我们要学着给自己温暖和力量，遇到困难不要灰心、不要抑郁，越是孤单越要坚强，生命的负重还要你来托起。

穆拉·纳斯鲁汀先生是一位很有灵气的作家，看上去一副风流倜傥的样子，很惹周围女人们的喜爱。婚后15年，他终于因爱上一个比自己小许多的姑娘而同妻子离婚，落得个一无所有。

他并不在意，因为他天生是个情种，只在乎爱情，其他一切均不放在心上。他携这位姑娘出外闯荡，在孟买开设一家小公司，是那种经营出版、发行图书刊物的公司。虽然他懂这方面的业务，但他讨厌经营。于是，他把公司里的一切交给了女友，自己在家写书。几年后，公司有了些发展，女友赚了些钱，而他的作品却没人认可。这时，女友认为他无能，提出分手。他带着绝望的心情离开了那位女友，甚至连死的心都有了。经过一番垂死挣扎，他的一位旧友要他去公司帮忙，工资不菲，与此同时，他又有了新的所爱，一位心地善良的公务员。这就像他生命里的一点微光，拯救了他。几番磨难之后，他觉得无论如何也不能失去这一副"拐杖"了，不然的话，他简直没有办法再活下去。

但是，让他没想到的是，他几乎是在同时丢失了工作和新女友。

他真的想一死了之。他不止一次对自己说：纳斯鲁汀先生，你无法再活下去了，死吧，去死吧！

毕竟，死也不是件容易的事。他靠朋友的接济，四处找工作，几乎跑遍了整个孟买，也没找到一份适合自己的工作。这时，纳斯鲁汀真正意识到自己老了，他再也不是那个风流倜傥的知名作家了。他开始重新审视自己的生活，第一次意识到自己应该像个真正男人那样立志发奋。于是，他开始了刻苦努力的创作，他的努力终于得到了回报，一下子签订了几本书的写作合同。

从此，纳斯鲁汀先生再也不相信什么"拐杖"了，他只信奉：

把命运紧紧抓在自己手中才是最可靠的！没有什么拐杖是你能够永久依赖的，命运要靠自己把握。倒下去必须重新爬起来才能够寻求自立，大步向前。只把命运紧紧抓在自己手中才是最可靠的，无论对待爱情还是事业。

你要懂得，没有人替你勇敢，没有人可以一辈子为你而活，所以要自己学会坚强。

人若一直依赖拐杖走路，就会忘记双腿应有的功能，离开拐杖，便不会行走了。须知，曾经的失败并不意味着永远的失败，曾经达不到的目标并不意味着永远达不到，你只有放弃手中的拐杖，才能大步迈向人生的目标。

◆ 干得好真的不如嫁得好吗？

时下，一些女人常说："干得好不如嫁得好。"那么，嫁得好真的就好吗？不尽然。

首先，"嫁得好"需要一种运气。我们不妨仔细看看身边的姐妹，几乎每个人都高喊着"我要嫁个有钱人"，但真正有钱的又有几人？更何况，有钱的公子身边一定不乏美女追随，你有信心击败众多情敌脱颖而出吗？

退一步说，即便你幸运地钓到了一个"金龟婿"，但又能保证他不是一个追逐风花雪月的"花花公子"吗？毕竟在这个金钱至上的时代，已经没有几人再去恪守"富贵不能淫"的信条。

好吧，就算你嫁了一个既有财又不风流的男人，那你就一定会幸福吗？将全部希望寄托在男人身上，依附在男人的恩赐下、过着仰人鼻息的生活，自己的喜怒哀乐要看别人的脸色，你真的就会觉得快乐吗？

我们不妨睁眼看看，这个世界上有多少女人为了家庭放弃了自己的事业，最终又被家庭所遗弃呢？她们牺牲事业，为了丈夫、为了孩子不断地付出，最后迎来的却是丈夫的背叛！当她们想重拾自己的事业时，却发现自己已经跟不上时代的脚步，完全与社会脱轨了，这难道不是一种悲哀？

所以说，女人一定要"进得厨房，出得厅堂"，不但要照顾好家庭，更要照顾好自己的事业。即便你的丈夫能够为你提供优渥的生活条件，但你同样要学会独立。因为，独立才能让你找到自我，独立才能让你实现自己的价值，而不是作为男人的附属品，仰人鼻息。因为，独立的女人才能找到自信，才能让你在爱情的两端收放自如。

如果你做不到这一点，那么你就会像下面这位姐妹一样陷入彷徨：

蓉蓉未嫁人前是个小白领，日子过得逍遥自在、无拘无束，闲暇时与朋友泡泡吧、逛逛街，活得非常滋润。

结婚以后，蓉蓉遵照老公的吩咐，辞去工作，当起了全职太太。渐渐低，朋友疏远了，交际变少了，有时做完家务，蓉蓉一

个人站在阳台上，望着不远处繁华的街道，心中竟会撩起一阵阵莫名的空虚。

后来，老公以"资金周转不灵"为由，削减了蓉蓉的生活费用，每个月只给她 4000 元的家用，当然，这其中还包括物业费、水电费、煤气费等一切家庭支出。有时，甚至与老公一同外出就餐，都要她掏腰包买单。

我们可以想象一下，区区 4000 块，还要打理家中的一切。蓉蓉自己还能剩下什么？有时，她甚至因为钱不够用，弄得自己紧衣缩食，连以前常常光顾的"必胜客"都不敢再去。但是，纵然如此，她也不曾向老公张口。在她看来，自己没有能力养这个家，需要依附老公的"关爱"过日子，所以不能再给老公添麻烦，她甚至觉得再伸手向老公要钱，是一件非常丢脸的事情。

再后来，老公在外面有了别的女人。她不敢与老公争执，她怕失去这份赖以生存的"关爱"，于是她跑去找那个女人，央求她放过自己的老公，女人良心发现，应允了。可是没过多久，老公又摘到了新的"野花"。对此，她伤心透顶，但又无可奈何："如果他不要我，我该怎么活呢？"于是她选择了忍气吞声，但这样的日子要到何年何月才到头呢？

女人，若是彻底放下事业，专心为男人做保姆、生儿育女、打理家务，就会逐渐使自己的思维变得狭窄，继而完全丧失自我。更可气的是，对于我们这样的付出，很多时候男人并不领情。他们总是在用极端挑剔的目光审视着自己的老婆，他们简直希望自己的女人是完美的化身：貌若西子，贤如孟光，才比易安。倘若有一点不及他意，他便会思绪翻飞——瞧，那个女人多好。

所以说，倘若哪个女人只想着依附男人生活，那么她势必会输得很惨，活得毫无尊严，又遑论幸福美满？

女人，需要有自己的事业，有自己的朋友、自己的交际圈，这样才能与社会紧紧挂钩，才不会在惨遭遗弃之时茫然不知所措，才有资本与男人"叫板"，才能使自己变得更加幸福。

每一个女人都有必要清一点——维持婚姻的平衡，其首要条件就是夫妻双方人格上的平等。这种平等取决于什么？取决于我们的自强、自立。女人不是弱者，女人应该让男人知道：离开他们，我们一样可以活得很好！女人，要为自己而活，绝不要做一个完全依附男人的寄生虫。